BEI GRIN MACHT SICH IHR WISSEN BEZAHLT

- Wir veröffentlichen Ihre Hausarbeit, Bachelor- und Masterarbeit

- Ihr eigenes eBook und Buch - weltweit in allen wichtigen Shops

- Verdienen Sie an jedem Verkauf

Jetzt bei www.GRIN.com hochladen und kostenlos publizieren

Bibliografische Information der Deutschen Nationalbibliothek:

Die Deutsche Bibliothek verzeichnet diese Publikation in der Deutschen National-
bibliografie; detaillierte bibliografische Daten sind im Internet über http://dnb.d-
nb.de/ abrufbar.

Impressum:

Copyright © 2008 GRIN Verlag, Open Publishing GmbH
Druck und Bindung: Books on Demand GmbH, Norderstedt Germany
ISBN: 978-3-656-90678-0

Dieses Buch bei GRIN:

http://www.grin.com/de/e-book/293029/die-aufmerksamkeits-defizit-hyperaktivi-
taetsstoerung-ursachen-therapeutische

Kristina Bergmann

Die Aufmerksamkeits-Defizit/Hyperaktivitätsstörung. Ursachen, Therapeutische Maßnahmen und der Zusammenhang zwischen Ernährung und Verhalten

GRIN Verlag

Die Aufmerksamkeits-Defizit/Hyperaktivitätsstörung. Ursachen, Therapeutische Maßnahmen und der Zusammenhang zwischen Ernährung und Verhalten

Vorgelegt von:
Kristina Bergmann

Inhalt

1. Die Aufmerksamkeits-Defizit-/Hyperaktivitätsstörung

Die vorliegende Arbeit stellt die Aufmerksamkeits-Defizit-/Hyperaktivitätsstörung dar und geht auf die Ursachen und Entstehungsbedingungen dieser Krankheit ein. Des Weiteren werden therapeutische Maßnahmen vorgestellt, sowie auf die Zusammenhänge zwischen der Ernährung und dem Verhalten hingewiesen.

1.1 Definition und Klassifikation der ADHS

Die Aufmerksamkeits-Defizit-/Hyperaktivitätsstörung (ADHS) bezeichnet eine Entwicklungsstörung mit Beteiligung des Nervensystems, die sich bereits im frühen Kindesalter zeigt. Betroffene Kinder sind unaufmerksam, leicht ablenkbar, fallen durch hyperaktives Verhalten auf, haben ein geringes Durchhaltevermögen sowie ein leicht aufbrausendes Wesen mit der Neigung zu unüberlegtem Handeln. Symptome persistieren häufig bis ins Erwachsenenalter (Bundesärztekammer 2005).

Es gibt mehrere Bezeichnungen und Abkürzungen, die teilweise dasselbe Störungsbild bezeichnen, teilweise aber auch für bestimmte Ausprägungen oder Typen stehen. Ein der ADHS synonymer Begriff ist Hyperkinetische Störung (HKS), wie die ADHS nach ICD-10 (Internationale Klassifikation der Krankheiten und verwandter Gesundheitsprobleme) benannt ist. Derzeit existieren zwei Klassifikationsysteme für ADHS. Das ICD-10 (International Classification of diseases – Internationale Klassifikation der Krankheiten) der World Health Organization hat in Europa die größere Bedeutung gegenüber dem Klassifikationsschema nach dem DSM-IV (Diagnostic and Statistical Manual of Mental Disorders – Diagnostisches und Statistisches Handbuch Psychischer Störungen) der American Psychiatric Association (Amerikanische Psychiatrische Vereinigung) (Bundesärztekammer 2005).

Nach ICD-10 wird ADHS als HKS bezeichnet. Für die Diagnose der HKS werden folgende Kriterien vorausgesetzt:

- Symptome von Unaufmerksamkeit, Überaktivität und Impulsivität in mit dem Entwicklungsstand des Kindes nicht zu vereinbarenden und unangemessenem Ausmaß über einen Zeitraum von mindestens sechs Monaten,
- das Auftreten der Störung vor dem siebten Lebensjahr,
- die Symptome müssen situationsübergreifend auftreten, nicht ausschließlich zuhause oder ausschließlich in der Schule, und

- die Symptome verursachen deutliches Leiden oder eine Beeinträchtigung der sozialen oder schulischen/beruflichen Leistungsfähigkeit (Taylor *et al.* 2004).

Im DSM-IV ist die ADHS etwas weiter gefasst als die Hyperkinetische Störung nach ICD-10. Für eine Diagnose reicht es, wenn entweder Symptome von Unaufmerksamkeit oder von Überaktivität/Impulsivität auftreten. Somit bedingt diese Klassifikation eine höhere Prävalenz in epidemiologischen Studien (Bundesärztekammer 2005).

Die inzwischen veralteten Bezeichnungen Minimale Cerebrale Dysfunktion (MCD) und Psychoorganisches Syndrom (POS) finden sich noch in älterer Literatur, meinen jedoch ADHS. Die gebräuchliche Bezeichnung Aufmerksamkeits-Defizit-Störung (ADS) trägt der Tatsache Rechnung, dass nicht alle betroffenen Kinder zwangsläufig auch hyperaktives Verhalten zeigen. ADS wird auch manchmal als „vorwiegend unaufmerksamer Subtyp" bezeichnet und so von einem „vorwiegend impulsiven" oder einem „gemischten Subtyp" abgegrenzt. Im internationalen Sprachgebrauch haben sich die Bezeichnungen Attention.Deficit/Hyperactivity Disorder (AD/HD oder ADHD) für ADHS sowie der Begriff Attention Deficit Disorder (ADD) für ADS durchgesetzt (Bundesärztekammer 2005).

1.2 Prävalenz der ADHS

Die ADHS ist eine der am häufigsten diagnostizierten Verhaltensstörungen im Kindesalter. In Deutschland zeigen Erhebungen im Rahmen des Kinder- und Jugendsurveys des Robert-Koch-Institutes (KiGGS) bei Kindern und Jugendlichen zwischen 3 und 17 Jahren eine Prävalenz von 4,8%, bei denen ADHS ärztlich oder durch einen Psychologen diagnostiziert wurde. Weitere 4,9% werden als Verdachtsfälle betrachtet. Jungen sind mit 7,9% deutlich häufiger betroffen als Mädchen mit 1,8% (Schlack *et al.* 2007). Auch unterscheiden Mädchen sich oft in der Ausprägung der Symptomatik von den Jungen. Im Vergleich zu Jungen zeigen Mädchen meist ein weniger ausgeprägtes hyperaktives und impulsives Verhalten und weniger Unaufmerksamkeit. Sie verhalten sich weniger auffällig, zeigen dafür aber größere intellektuelle Beeinträchtigungen sowohl bezüglich der Internalisierung als auch der Externalisierung von Lerninhalten (Gershon 2002).

Bei Kindern aus Familien mit niedrigem sozioökonomischem Status wird ADHS häufiger diagnostiziert als bei Kindern aus Familien mit mittlerem oder hohem sozioökonomischem Status (Schlack *et al.* 2007). Je nachdem, welches

Klassifikationssystem (DSM-IV oder ICD-10) zugrunde gelegt wurde, ergeben sich aus internationalen Studien Prävalenzen zwischen 1 - 7% (Taylor *et al.* 2004).

1.3 Diagnostik der ADHS

Die Diagnostik dient der Erfassung der klinischen Symptomatik und ihres Verlaufs. Dazu gehört neben der Anamnese auch die klinische Exploration der Eltern und Erzieher oder LehrerInnen des betroffenen Kindes. Sie beinhaltet zudem die Erfassung von Komorbiditäten wie Störungen des Sozialverhaltens, weiteren Entwicklungsstörungen, Tic-Störungen und emotionalen Störungen (Bundesärztekammer 2005).

Methodische Mittel für die Diagnostik sind standardisierte Fragebögen, testpsychologische Untersuchungen sowie internistische und neurologische Untersuchungen. Die Diagnose einer ADHS ist aufwändig und kann niemals allein auf der Grundlage von Fragebögen, testpsychologischen Untersuchungen oder Beobachtungen gestellt werden. Der wissenschaftliche Beirat der Bundesärztekammer empfiehlt, die multiaxiale Diagnostik durchzuführen, die die Störung auf sechs Achsen abbildet.

- klinisch-psychiatrisches Syndrom (1. Achse)
- umschriebene Entwicklungsstörungen (2. Achse)
- Intelligenzniveau (3. Achse)
- körperliche Symptomatik (4. Achse)
- assoziierte aktuelle abnorme psychosoziale Umstände (5. Achse)
- globale Beurteilung des psychosozialen Funktionsniveaus (6. Achse) (Bundesärztekammer 2005).

Für die Diagnosestellung ist ein Beurteilungsprozess, während dessen Informationen über das Verhalten des Kindes in verschiedenen Situationen gesammelt werden, erforderlich. Diese können mit Hilfe strukturierter klinischer Interviews gewonnen werden; aber auch die Nutzung von Skalen zur Einschätzung des Verhaltens (behaviour rating scales) ist weit verbreitet. Mit ihnen können strukturierte Informationen auch von abwesenden Personen effizient übermittelt werden. Sehr häufig wird die so genannte Conners' Teacher and Parent Rating Scale-Revised

(CTRPS-R, Conners Lehrer- und Eltern-Verhaltens-Einschätzungsskala, im deutschen Sprachgebrauch meist Conners-Test) verwendet, die in einer langen oder einer kurzen Fassung zur Verfügung steht. Eine Reihe von Fragen wird jeweils mit Punkten zwischen 0 und 3 bewertet (0 bedeutet: trifft überhaupt nicht zu, 3 bedeutet: trifft vollkommen zu) und diese aufsummiert. Die lange Form des CTRPS-R ist eng mit den Diagnosekriterien nach DSM-IV verknüpft, kann innerhalb von 15 – 20 min. ausgefüllt werden und dient neben weiteren Untersuchungen vorwiegend der Erstdiagnose, während die kurze Version vorwiegend als Instrument zur Effektmessung von Interventionen in klinischen und epidemiologischen Studien verwendet wird (Carter und Syed-Sabir 2008).

1.4 Komorbidität

Die Koexistenz weiterer Störungen ist bei ADHS sehr verbreitet. Angaben zur Prävalenz von Komorbiditäten variieren in verschiedenen epidemiologischen Studien, wobei jedoch mindestens eine koexistierende Störung bei über 80% der Kinder auftritt (Jensen *et al.* 1997). Die folgenden kommen besonders häufig vor; die Prävalenzen sind, soweit Daten vorliegen, jeweils in Klammern angegeben:

- Störungen des Sozialverhaltens (43 – 93%),
- emotionale Störungen des Kindesalters (13 -51%) (Jensen *et al.* 1997),
- umschriebene Entwicklungsstörungen schulischer Fertigkeiten (Lese- und Rechtschreibstörung und weitere),
- tief greifende Entwicklungsstörungen (wie Störungen des autistischen Spektrums)
- Ticstörungen
- umschriebene Entwicklungsstörungen der motorischen Funktionen und
- Suchterkrankungen (Taylor *et al.* 2004).

Die Beziehung zwischen ADHS und Suchterkrankungen ist komplex und bisher wenig untersucht. Im Vergleich zur Gesamtbevölkerung entwickeln ADHS-Betroffene in der Adoleszenz und im Erwachsenenalter häufiger eine Substanzabhängigkeit von Alkohol, Opiaten oder Kokain und rauchen häufiger. Sie beginnen früher mit dem Drogenmissbrauch und betreiben diesen intensiver und regelmäßiger. Somit wird vermutet, dass ADHS bei Erwachsenen einen Risikofaktor für Substanzmissbrauch darstellt (Taylor *et al.* 2004).

2. Ursachen und Entstehungsbedingungen der ADHS

Die Ursachen der ADHS konnten bis heute nicht vollständig aufgeklärt werden. Als erwiesen gilt, dass es sich um ein komplexes, multifaktorielles Geschehen handelt, so dass die Störung sich nicht auf eine einzelne Ursache zurückführen lässt (s. Abb. 1). Die derzeit bekannten Einflussfaktoren werden im Anschluss beschrieben.

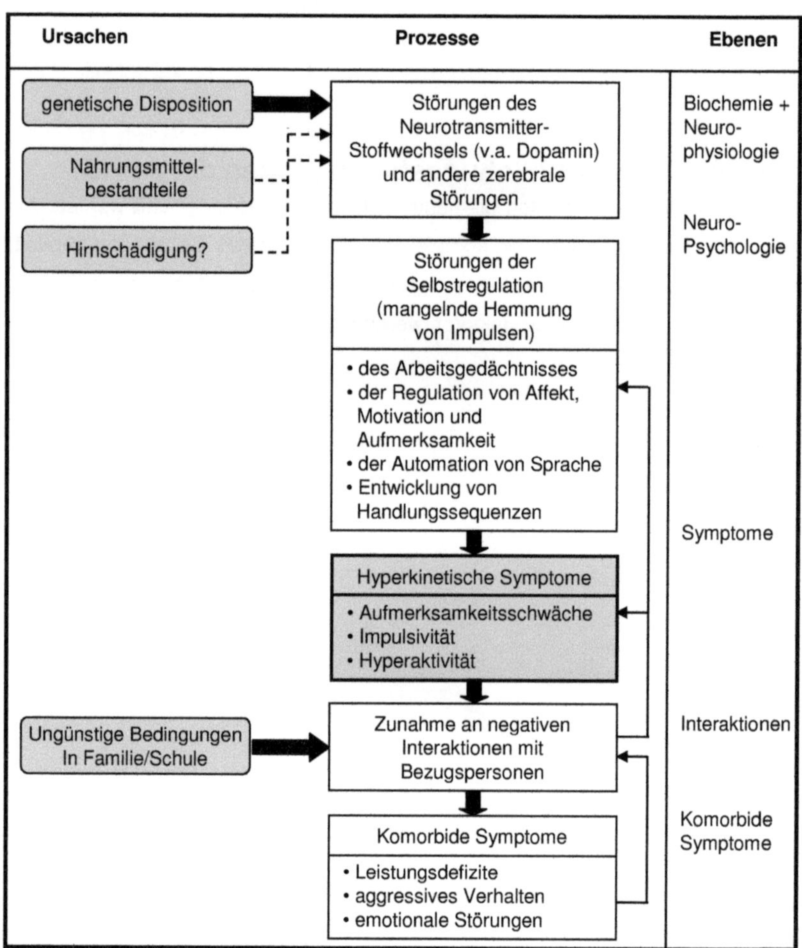

Abb. 1: Biopsychosoziales Modell zur Entstehung von Aufmerksamkeitsstörungen
(Quelle: nach Döpfner *et al.* 2000)

2.1 *Neurophysiologische und genetische Einflussfaktoren*

Bildgebende Untersuchungen sowie elektrophysiologische und pharmakologische Befunde zeigen bei Personen mit ADHS Auffälligkeiten in Struktur, Funktion und Stoffwechsel des Gehirns. Diese sprechen für genetisch bedingte, möglicherweise von weiteren Faktoren mit beeinflusste Entwicklungsabweichungen verschiedener zentralnervöser Regelkreise. Daher wird die ADHS oft als Entwicklungsstörung mit Beteiligung des Nervensystems (neurodevelopmental disorder), aber auch als striatofrontale Dysfunktion bezeichnet (Krause und Krause 2007, Bundesärztekammer 2005).

Ergebnisse genetischer und bildgebender Untersuchungen weisen auf eine überwiegend genetisch bedingte Störung im <u>Neurotransmitterstoffwechsel</u> hin. Insbesondere sind der Dopamin- und der Noradrenalinstoffwechsel betroffen; möglicherweise ist auch der Serotoninstoffwechsel beteiligt (vgl. Tab.1, Abb. 2) (Krause und Krause 2007). Die katecholaminergen Neurotransmittersysteme, v. a. der Dopaminstoffwechsel, sind wesentlich an der Steuerung von Aufmerksamkeit, Motorik und Impulskontrolle beteiligt (Bundesärztekammer 2005: 22ff). Im Dopaminstoffwechsel bei ADHS-Betroffenen ist die Wiederaufnahme des Dopamins (s. Abb. 2) durch die präsynaptische Membran erhöht und die Sensitivität der Dopaminrezeptoren auf der postsynaptischen Membran vermindert (Banaschewski *et al.* 2004). Anhand von Computersimulationen wurde im Jahr 2007 erstmals versucht, diese neurobiologischen Regelkreise optisch darzustellen und zu zeigen, inwiefern ADHS-Betroffene bei der Lösung spezifischer Aufgaben durch funktionelle Störungen beeinträchtigt sein können (Frank *et al.* 2007).

Eine <u>genetische Prädisposition für Besonderheiten im Neurotransmitterhaushalt</u> wird derzeit als wichtigste Ursache der ADHS angenommen. Familien-, Adoptions- und Zwillingsstudien zeigen hinsichtlich der Heritabilität, dass etwa 80% der Verhaltensvarianz bei ADHS genetisch determiniert ist (Banaschewski *et al.* 2004). Molekulargenetische Befunde sprechen dafür, dass das genetische Risiko in einem Zusammenwirken mehrerer Gene besteht, die komplexe Neurotransmitterfunktionen steuern. Dem gegenüber erhöht das bloße Vorhandensein identifizierter Risiko-Allele das relative Risiko einer ADHS nur gering (Relatives Risiko: 1,2 – 1,9). Diesbezüglich haben seltene genetische Veränderungen größeren Einfluss (Banaschewski *et al.* 2004).

Tab. 1: Eigenschaften der Neurotransmitter Dopamin, Noradrenalin und Serotonin
(eigene Darstellung)

Dopamin

Dopamin ist ein biogenes Amin aus der Gruppe der Katecholamine und gilt als Glücks-, Euphorie- oder Belohnungshormon. Es wird im Gehirn in der *Pars compacta* der *Substania nigra* aus der Vorstufe Tyrosin (oder Phenylalanin) gebildet und von dort zum *Striatum* (Teil der Basalganglien im Großhirn) geleitet. Im Gehirn kann Dopamin verschiedene Wirkungen erzielen. Für Antrieb und Motivation spielt es eine entscheidende Rolle. Es gibt D1 - D5-Rezeptoren; einzelne Rezeptoren weisen genetische Polymorphismen auf. Auch hängt die Wirkung des Dopamins von second messengern und deren Wirkung in den Zielzellen ab. Dopamin spielt höchstwahrscheinlich für die Funktion des Präfrontalen Cortex eine wichtige Rolle. Eine Dysfunktion des Dopaminstoffwechsels kann möglicherweise zu ADHS führen.

Unter vielen Dopaminsystemen sind die drei wichtigsten in Bezug auf ADHS das mesolimbische, das mesostriatiale und das mesocorticale System. Alle drei haben ihren Ursprung in der *Substantia nigra* im Mittelhirn. Das mesolimbische System projiziert zum limbischen System. Dieses gilt als Belohnungssystem des Gehirns, das der Verarbeitung von Emotionen und der Entstehung von Triebverhalten dient. Auch werden ihm intellektuelle Leistungen zugesprochen. Bestimmte Drogen, wie Amphetamine und Kokain, wirken auf dieses System. Das mesostriatale System projiziert zu den Basalganglien, die eine wichtige Rolle bei der Bewegungssteuerung spielen. Das mesocorticale System projiziert zum präfrontalen Cortex. Nach derzeitigem Verständnis hat es eine Bedeutung für exekutive Funktionen sowie für die Motivation.

Noradrenalin

Noradrenalin (auch Norephidrin) ist eng verwandt mit dem Stresshormon Adrenalin und gehört ebenfalls zu den Katecholaminen mit Tyrosin bzw. Phenylalanin als Vorstufe. Es wird im Peripheren Nervensystem von sympathischen Nervenfasern ausgeschüttet. Als Neurotransmitter der postganglionären Synapsen des sympathischen Nervensystems entfaltet es dort weitgehend die gleiche Wirkung wie Adrenalin: es steigert den Blutdruck, erhöht allerdings die Herzfrequenz in geringerem Ausmaß als Adrenalin. Die dichteste Verteilung von Noradrenalin herrscht in der primären, visuellen, auditiven, somatosensorischen und motorischen Regionen vor. Noradrenalin wird eine wichtige Bedeutung für die Funktion des Präfrontalen Cortex zugeschrieben.

Serotonin

Serotonin, auch 5-Hydroxytryptamin (5-HT), ist ebenfalls ein biogenes Amin. Es wirkt im Organismus als Gewebshormon und als Neurotransmitter im ZNS, Darmnervensystem, Herz-Kreislauf-System und im Blut. Der Name leitet sich von seiner regulierenden Wirkung auf den Blutdruck ab. Es wird in ZNS, Leber, Milz und Darmschleimhaut aus der Aminosäure Tryptophan synthetisiert. Im ZNS entfaltet es eine antidepressive Wirkung und wird deshalb oft als Glückshormon bezeichnet. In der *Raphe pontis* befinden sich die Somata serotoninerger Nervenbahnen, deren Axone in alle Teile des Gehirns ausstrahlen. An ihren Endigungen wird Serotonin als Neurohormon ausgeschüttet. Die Gehirnstruktur der *Raphe pontis* liegt im Stammhirn im Medianbereich zwischen dem verlängerten Rückenmark und dem Mittelhirn . Die dort lokalisierte Hypnogene Zone ist zuständig für die Auslösung des synchronen Schlafes. Durch eine unterschiedliche Beschickung verschiedener Gehirnregionen mit Serotonin kann die Raphe das globale Erregungsmuster im Gehirn beeinflussen. Serotonin spielt eine wichtige Rolle für Verhalten wie Nahrungsaufnahme, Aktivitätsrhythmus, emotionale Befindlichkeit und Sexualverhalten. Durch Interaktionen mit dem cholinergen, glutaminergen, dopaminergen und GABAergen System beeinflusst Serotonin auch Lernen und Gedächtnis. Bei Stresszuständen wird die Ausschüttung von Serotonin in den verschiedenen Gehirnteilen verändert. In der Großhirnrinde ist sie dann erhöht, im Stammhirn und Zwischenhirn dagegen vermindert. Es ist anzunehmen, dass das Serotonin-System entscheidend ist für die Aufrechterhaltung einer normalen kognitiven Funktion, bzw. bei Dysfunktion für die Entstehung kognitiver Störungen. In bestimmten Hirnarealen besteht zwischen Serotonin und Dopamin eine inverse Beziehung.

Serotonin kann die Blut-Hirn-Schranke nicht passieren. Ein Mangel an Serotonin kann durch verminderte Verfügbarkeit von Tryptophan in der Gehirnflüssigkeit entstehen. Insulin ermöglicht den Übertritt von Tryptophan an der Blut-Hirn-Schranke. Bei normaler Verfügbarkeit von Tryptophan steuert das Gehirn die Synthese von Serotonin, entsprechend der Aktivität der Raphe-Neuronen, selbst. Deshalb führt ein (z. B. durch Süßigkeiten) erhöhter Tryptophan-Spiegel im Gehirn nicht automatisch zu mehr Serotonin.

(Hiedl 2004)

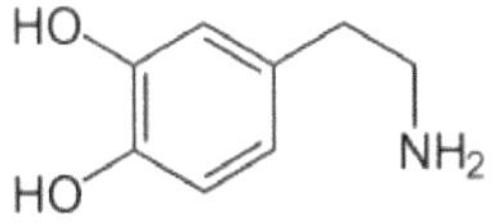

Abb. 2: Strukturformel des Neurotransmitters Dopamin (Quelle: NLM o. J.)

2.2 Umweltfaktoren

Exogene Risikofaktoren

Unter exogenen Risikofaktoren werden Schwangerschafts- und Geburtskomplikationen, niedriges Geburtsgewicht, Infektionen und Toxine (z.B. Bleiintoxikationen, pränatale Alkohol-, Nikotin- oder Benzodiazepinexposition) zusammengefasst (Banaschewski *et al.* 2004). Zur Bedeutung von Schwangerschafts- und Geburtskomplikationen existieren widersprüchliche Befunde. Möglicherweise sind andauernde hypoxische Zustände, die zudem gehäuft mit geringem Geburtsgewicht assoziiert sind, in Bezug auf ADHS relevant (Banaschewski *et al.* 2004). Kinder von Müttern, die während der Schwangerschaft geraucht haben, sind nachweislich häufiger von ADHS betroffen als Kinder von Nichtraucherinnen. Nikotin entfaltet an Dopamin-Transportern (DAT) eine stimulanzienartige Wirkung (Krause und Krause 2007). Eine pränatale Nikotinexposition reduziert vermutlich die Dichte nikoninerger Rezeptoren, die wiederum die dopaminerge Aktivität regulieren (Banaschewski *et al.* 2004). Auch hier spielt eine mögliche genetische Prädisposition eine Rolle. Gleiches gilt für Alkoholabusus während der Schwangerschaft (Krause und Krause 2007), PCB-Intoxikationen (Das Banerjee *et al.* 2007) sowie Bleiintoxikationen (Banaschewski *et al.* 2004).

Berichte über wiederkehrende saisonale Muster bezüglich der Geburtstermine von Kindern mit ADHS führten zu der Vermutung, dass bestimmte saisonbedingte Virusinfektionen zur Manifestation von ADHS beitragen können. Im September und danach bis in den Winter hinein geborene Kinder sind häufiger betroffen als andere. Virusinfektionen während der Schwangerschaft, unter der Geburt und in der frühen Kindheit sind mit einem erhöhten Risiko, eine ADHS zu entwickeln, verbunden. Auch nicht-saisonbedingte virale Erkrankungen wurden bei bestehender ADHS gehäuft beobachtet (Millichap 2007).

Psychosoziale Einflussfaktoren

Auch ungünstige familiäre psychosoziale Bedingungen können eine ADHS-Symptomatik mit bedingen, ohne ursächlich zu sein, indem sie insbesondere dissoziale und aggressive Verhaltensauffälligkeiten verstärken. Als positiv erlebte Beziehungen in Familie und Schule hingegen wirken als protektive Faktoren (Banaschewski *et al.* 2004). Obwohl zahlreiche Studien Zusammenhänge zwischen psychosozialen Bedingungen und der Prävalenz von ADHS aufzeigen, gelten negative psychosoziale Einflussfaktoren nicht als ADHS-spezifische Wirkungsvariable. Es wird davon ausgegangen, dass sie als unspezifische Trigger eine bestehende Prädisposition modulieren können (Faraone und Biederman 1998).

Ernährungsbedingte Einflussfaktoren

Die Ernährung stellt einen Umweltfaktor dar, der bei ADHS als Ursache und/oder als Wirkung eine Rolle spielen kann. Das Ess- und Trinkverhalten beeinflusst möglicherweise die ADHS-Symptomatik; aber sowohl die Symptomatik selbst als auch deren medikamentöse Behandlung können auch das Ess- und Trinkverhalten beeinflussen. Spezifische Reaktionen auf Nahrungsmittel scheinen bei manchen Kindern bei der Ätiologie der ADHS eine Rolle zu spielen (Taylor *et al.* 2004).

2.3 Wechselwirkungen zwischen Einflussfaktoren

Banaschewski *et al.* (2004) warnen vor einem neurobiologischen Reduktionismus, der die Komplexität der Störung unterbewertet. Zwischen allen genannten Einflussfaktoren bestehen Wechselwirkungen. Umwelteinflüsse können auch auf genetischer Ebene die Ausprägung eines Störungsbildes beeinflussen (Genexpression). Bestimmte Genotypen weisen möglicherweise eine gesteigerte Vulnerabilität gegenüber Umwelteinflüssen auf (Krause und Krause 2007). Das Zusammenspiel von genetischen Faktoren und Umweltfaktoren (gene-environment-interaction, G x E) beeinflusst das sich entwickelnde Gehirn höchstwahrscheinlich, indem es zu einem heterogenen Profil neuropsychologischer, struktureller und funktionaler Auffälligkeiten führt (Das Banerjee *et al.* 2007, Faraone und Biederman 1998).

Ein wichtiges Ziel neurobiologischer Forschung ist derzeit, Modelle für so genannte Endophänotypen zu entwickeln, um Erkrankungsrisiko und Therapiemöglichkeiten gezielter abschätzen zu können (Banaschewski *et al.* 2004, Krause und Krause 2007).

3. Therapeutische Maßnahmen bei ADHS

Zur Behandlung von ADHS werden Psychotherapie und Psychoedukation in Form von Verhaltenstherapie und Elterntraining, medikamentöse Therapie und Diäten eingesetzt. Alle diese Möglichkeiten sollen laut den europäischen klinischen Leitlinien zur Verfügung stehen, und die Therapie soll einem individuell zugeschnittenen Behandlungsplan folgen. Die diätetische Therapie wird zwar erwähnt, aber nicht konkretisiert (Taylor *et al.* 2004).

Der Bundesverband Arbeitskreis Überaktives Kind (BV AÜK) hat gemeinsam mit der Berliner Charité die ADHD-Profilstudie durchgeführt. Aus dieser Untersuchung liegen Daten zur Behandlung der ADHS von Kindern in Deutschland vor: Von einer Gesamtstichprobe von 1.624 Kindern wurde ein überwiegender Anteil von 1.239 Kindern medikamentös mit Stimulanzien behandelt. Die meisten nahmen diese über mehrere Jahre ein; einige Kinder erhielten die Medikation schon ab einem Alter von 3 Jahren (Huss und Högl 2005). Insbesondere der Wirkstoff Methylphenidat ist erst ab einem Alter von 6 Jahren zugelassen, da eine frühere Einnahme nicht als sicher gilt. Ein Teil der Kinder erhielt Ergotherapie (n=799) oder eine Verhaltenstherapie (n=582) (Huss und Högl 2005).

3.1 Verhaltenstherapie und Elterntraining

Unter den psychotherapeutischen Ansätzen haben sich vor allem verhaltenstherapeutische Maßnahmen und Elterntrainings bewährt, deren Wirksamkeit nachgewiesen ist (Bundesärztekammer 2005). Dabei geht es darum,

- besondere Problemsituationen und Auslöser von Verhaltensproblemen zu identifizieren,
- Problemverhalten zu analysieren,
- die Interaktion zwischen Eltern und Kind positiv zu beeinflussen,
- verhaltenstherapeutische Techniken und deren Übertragung in den Lebensalltag des Kindes an Eltern und LehrerInnen zu vermitteln sowie
- den Kindern kognitive Techniken zu vermitteln (Taylor *et al.* 2004).

Seit über 20 Jahren gibt es in Deutschland eine aktive Selbsthilfe, die anfänglich nur für Eltern konzipiert war, inzwischen aber zu einem Hilfsnetzwerk für alle Betroffenen herangewachsen ist, das Informationen zur Verfügung stellt und versucht,

Betreuungsangebote zu optimieren und Betroffene vor unseriösen Behandlungsangeboten zu schützen (Bundesärztekammer 2005).

3.2 Medikamentöse Therapie

Grundlagen

Die Behandlung der ADHS mit <u>Stimulanzien</u> ist weit verbreitet. Bereits in den 1930-er Jahren wurde Amphetaminsaft zur Behandlung der ADHS verabreicht. Später folgten das heute etablierte Methylphenidat (z.B. unter dem Handelsnamen Ritalin) und weitere Medikamente (Homann 2003).

Der Wirkstoff erster Wahl ist der Dopamin-Wiederaufnahmehemmer <u>Methylphenidat</u>, eine gewöhnlich stimulierend wirkende, amphetaminähnliche Substanz, die sich in zahlreichen placebo-kontrollierten, randomisierten Studien als wirksam in der Therapie der Kernsymptome der ADHS erwiesen hat. Alternativ kann auch d-l-Amphetamin eingesetzt werden. Die Stimulanzientherapie ist jedoch nicht für alle Kinder geeignet. Häufig wird sie von der Familie abgelehnt, wenn diese die Ursachen für die Symptomatik eher im sozialen Umfeld vermutet. Dies kann die Compliance und damit die Effektivität einer medikamentösen Therapie verringern. Manchmal sind auch unerwünschte Nebenwirkungen so stark, dass die Medikation abgebrochen werden muss (Taylor *et al.* 2004).

Laut Bundesärztekammer (2005) ist die Indikation für eine Stimulanziengabe dann angezeigt, wenn die Symptomatik ausgeprägt ist und psychoedukative Maßnahmen nicht durchführbar sind oder innerhalb von einigen Wochen erfolglos bleiben. Die Dosierung richtet sich nach der Wirkung bzw. nach unerwünschten Nebenwirkungen; die Zeitpunkte für die Medikation in Form von zwei bis drei Einzeldosen werden so gewählt, dass das Kind die täglichen Anforderungen wie Schule, Hausaufgabenzeit und kritische Freizeitaktivitäten bewältigen kann. Unter bestimmten Bedingungen können an Wochenenden, Feiertagen oder in der Ferienzeit Therapiepausen eingelegt werden. Die teureren Retardpräparate enthalten Methylphenidat, das zu einem Teil sofort, zum anderen Teil verzögert freigesetzt wird, so dass deren Wirkung 8 – 12 Stunden anhält. Sie sind dann indiziert, wenn eine verlässliche Mehrfachgabe nicht möglich ist und ein stabiler Effekt über den ganzen Tag anders nicht erreichbar ist (Bundesärztekammer 2005).

Die Dauer der Einnahme wird individuell gehandhabt. Zeigen sich nach 6-wöchiger Einnahme keine positiven Effekte, müssen die Diagnose, die Qualität der Wirksamkeitkontrolle, Dosierung und Compliance überprüft werden. Erweist sich eine begonnene Medikation als wirksam, wird empfohlen, diese über mindestens ein Jahr fortzuführen und mindestens jährlich zu überprüfen. Bei längerfristiger Behandlung empfiehlt sich bei fraglicher Indikation, zu testen, wie sich ein Aussetzen der Medikation auswirkt. Persistieren die Symptome, ist ggf. ein Fortführen der medikamentösen Behandlung bis ins Erwachsenenalter indiziert. Im Zeitraum von 1995 bis 2003 hat sich das Verschreibungsvolumen von Methylphenidat in Deutschland mehr als verzehnfacht (s. Abb.1) (Bundesärztekammer 2005).

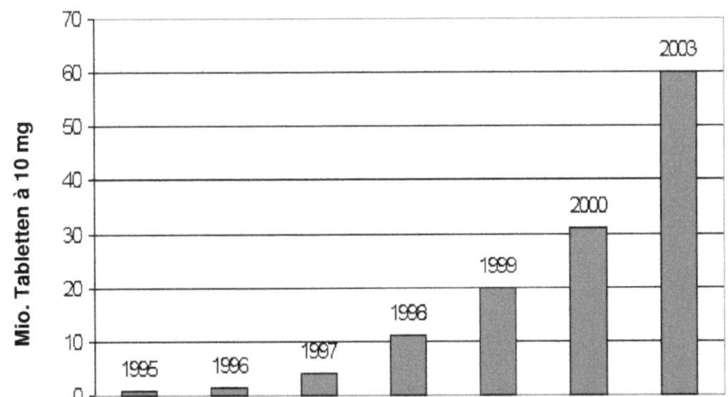

Abb. 3: Verschreibung von Methylphenidat in Deutschland zwischen 1995 und 2003
(Quelle: nach Bachmair o. J.)

Das Psychostimulans Pemolin unterliegt wegen des Risikos von Leberschädigungen Verordnungsbeschränkungen und soll nur dann verschrieben werden, wenn sich Methylphenidat und d-l-Amphetamin als unwirksam erwiesen haben und andere Behandlungsmaßnahmen allein nicht ausreichend sind (Bundesärztekammer 2005).

In den letzten Jahren wird auch vermehrt der Wirkstoff Atomoxetin, ein Noradrenalin-Wiederaufnahmehemmer, verschrieben, der in Deutschland seit 2005 für die Medikation bei ADHS zugelassen ist. Im Gegensatz zu Methylphenidat untersteht er nicht der Betäubungsmittel-Verschreibungsverordnung (Informationsdienst für Ärzte und Apotheker 2005). Methylphenidat und Atomoxetin sind heute in den meisten europäischen Ländern zur Behandlung bei ADHS zugelassen. Auch trizyklische Antidepressiva und das Sympatholytikum Clonidin haben sich gegenüber Placebo in klinischen Studien als wirksam erwiesen (Taylor *et al.* 2004), werden aber i. d. R. nur eingesetzt, wenn die zuvor genannten Medikamente unwirksam oder kontraindiziert sind (Bundesärztekammer 2005).

Unerwünschte Nebenwirkungen und Kontraindikationen der Stimulanzientherapie

Laut Bundesärztekammer (2005) hat die Stimulanzientherapie keine schädlichen unerwünschten Wirkungen, da diese dosisabhängig und damit vermeidbar sind oder nur vorübergehend auftreten. Direkt im Anschluss daran heißt es dort dennoch, dass eine Appetitminderung, die unter der Medikation häufig zu beobachten ist, über Jahre anhalten kann.

Vorübergehende unerwünschte Wirkungen, die häufig auftreten, sind abdominelle Beschwerden, klinisch unbedeutsame Puls- und Blutdrucksteigerungen und innere Gereiztheit; seltener sind Übelkeit, Schwindel und Schlafstörungen (Bundesärztekammer 2005). Auch Gewichtsverluste, Schläfrigkeit, Kopfschmerzen und Hautrötungen treten eher selten auf (Taylor *et al.* 2004). Laut AACAP (American Academy of Child and Adolescent Psychiatry) jedoch sind Appetitminderung, Gewichtsverlust, Schlaflosigkeit und Kopfschmerzen häufige Nebenwirkungen (AACAP 2007). Depressive Verstimmungen, Verwirrtheit und psychotische Symptome wie Halluzinationen gelten als Zeichen einer Überdosierung. Tics können durch Methylphenidat in manchen Fällen ausgelöst, in anderen Fällen vermindert werden. Da mehrere Studien die Vermutung nahe legen, dass die Stimulanzientherapie das Wachstum beeinträchtigen kann, sollen Körpergröße und – gewicht engmaschig überwacht werden (Bundesärztekammer 2005).

Seit 1999 werden potenzielle kardiovaskuläre Effekte der Stimulanzientherapie kontrovers diskutiert. Bis dahin war keine kardiovaskuläre Überwachung während der Einnahme empfohlen worden. Die Feststellung einer erhöhten Prävalenz von ADHS bei Menschen mit kardiovaskulären Erkrankungen und die öffentliche Besorgnis über Nebeneffekte psychotroper Medikamente besonders bei Kindern sowie Warnungen der FDA (Food and Drug Administration, Zulassungsbehörde in den USA) haben zu einem veränderten Bewusstsein hinsichtlich dieser Problematik geführt. Im Durchschnitt steigt die Herzfrequenz nach Stimulanzieneinnahme um 1 – 2 bpm, der systolische und diastolische Blutdruck um 3 – 4 mm Hg. Dieser Effekt wird für die meisten Kinder mit ADHS als klinisch nicht signifikant betrachtet; doch für Kinder mit angeborenen Herzerkrankungen oder Herzrhythmusstörungen, die eine Prädisposition für plötzlichen Herzstillstand mitbringen, birgt dies mögliche Risiken. Im Zusammenhang mit einem Missbrauch von Methylphenidat und Amphetaminen sind plötzliche Todesfälle aufgetreten. Daher rät die American Heart Association

(Amerikanische Herz-Gesellschaft) dazu, bei Kindern im Vorfeld einer Medikation ein EKG durchzuführen, um ein erhöhtes kardiovaskuläres Risiko auszuschließen (Vetter *et al.* 2008).

Tab. 2: Auszüge aus der Gebrauchsinformation von Ritalin (Stand: September 2007)
(Quelle: Novartis 2007; gekürzte, eigene Zusammenstellung)

- Patienten, bei denen während einer Behandlung Selbstmordgedanken auftreten, sollten sich sofort an ihren Arzt wenden, der eine entsprechende Behandlung einleiten oder die Behandlung des hyperkinetischen Syndroms entsprechend umstellen wird.
- Kinder unter 6 Jahren sollten nicht mit Ritalin behandelt werden, da es keine Belege für die Sicherheit und die Wirksamkeit in dieser Altersgruppe gibt.
- Chronischer Missbrauch von Ritalin kann zu einer ausgeprägten Gewöhnung und psychischer Abhängigkeit mit abnormen Verhaltensweisen unterschiedlichen Ausmaßes führen.
- Es gibt Berichte über eine mäßig reduzierte Gewichtszunahme und eine leichte Wachstumsverzögerung unter Langzeitanwendung von Stimulanzien bei Kindern.
- Ritalin sollte bei Bluthochdruckpatienten mit Vorsicht angewandt werden. Der Blutdruck sollte bei allen Patienten, die mit Ritalin behandelt werden, in angemessenen Abständen kontrolliert werden. Die vom Arzt angeordneten Kontrollen sind einzuhalten.
- Achtung! Dieses Arzneimittel kann Reaktionsfähigkeit und Verkehrstüchtigkeit beeinträchtigen.

Nebenwirkungen
Nervosität und Schlaflosigkeit sind die häufigsten unerwünschten Wirkungen. Sie treten zu Beginn der Behandlung auf und lassen sich im Allgemeinen dadurch beherrschen, indem man die Dosis reduziert oder auf die Verabreichung am Nachmittag oder Abend verzichtet.

Appetitlosigkeit ist eine gelegentlich, meist vorübergehende Nebenwirkung. Leibschmerzen, Übelkeit und Erbrechen treten ebenfalls gelegentlich, üblicherweise zu Beginn der Behandlung auf. Das kann verhindert werden, wenn die Tabletten gemeinsam mit einer Mahlzeit eingenommen werden.

Nervensystem
Häufig: Kopfschmerzen, Schläfrigkeit, Schwindel, motorische Fehlfunktion.

Herz und Kreislauf
Häufig: Beschleunigter Puls, Herzklopfen, Rhythmusstörungen, Veränderung von Blutdruck und Herzfrequenz.

Verdauungstrakt
Häufig: Bauchschmerzen, Übelkeit und Erbrechen, Mundtrockenheit.

Haut und Unterhautzellgewebe
Häufig: Juckreiz, Haut- und Nesselausschlag, Fieber, Haarausfall

Skelettmuskulatur, Knochen
Häufig: Gelenksschmerzen

Sonstiges
Während der Langzeitbehandlung kann es zu geringfügiger Wachstumshemmung kommen.

Die Entwicklung einer Abhängigkeit oder eines Missbrauchs ist laut Bundesärztekammer (2005) bei Dosierungen im therapeutischen Bereich nicht zu erwarten. Bei Herzrhythmusstörungen, Hyperthyreose, einigen weiteren Krankheitsbildern und vormals gezeigter Hypersensitivität gegen Stimulanzien ist eine Stimulanziengabe kontraindiziert (Taylor *et al.* 2004). Wie der Hersteller des am weit verbreiteten Methylphenidat-Präparats Ritalin die Nebenwirkungen einschätzt, ist auszugsweise aus Tab. 2 ersichtlich.

Kurz- und Langzeiteffekte der Stimulanzientherapie bei ADHS
Eine Vielzahl von Studien hat kurzzeitige Effekte verschiedener Behandlungsansätze bei ADHS untersucht. In der Multimodal Treatment Study of Children with ADHD (MTA, Multimodale Behandlungsstudie von Kindern mit ADHS) wurden über einen längeren Zeitraum von 36 Monaten Effekte einer medikamentösen Therapie, einer Verhaltenstherapie, einer Kombination aus beidem oder üblicher Gemeindefürsorge bei 485 Kindern mit ADHS miteinander verglichen. Während sich die Methoden mit Medikation nach Ablauf von 14 Monaten als erfolgreicher erwiesen hatten, war dies nach 36 Monaten nicht mehr der Fall; zu diesem Zeitpunkt wurden keine signifikanten Unterschiede bei den Behandlungseffekten mehr festgestellt. Die Intent-to-Treat-Analyse ergab für die Medikation nach 14 Monaten eine Effektgröße von 0,86, nach 36 Monaten nur noch von 0,10 (Cohen´s *d*). Obwohl keine signifikanten Effekte zwischen den behandelten Gruppen beobachtet wurden, zeigten sich insgesamt bei allen Gruppen im Zeitverlauf Verbesserungen der ADHS-Symptomatik im Rahmen einer Effektgröße von 1,6 – 1,7 (Jensen *et al.* 2007).
Auch Wachstumsparameter wurden in der MTA-Studie erfasst. Dabei zeigte sich in einem Zeitraum von 14 Monaten, dass mit Medikamenten behandelte Kinder gegenüber den anderen Gruppen <u>Wachstumsdefizite</u> aufwiesen. Diese lagen in einer Größenordnung von -1,23 cm bei der Wachstumsgeschwindigkeit (Körpergröße) und –2,48 kg des Körpergewichts jährlich. Dieser Effekt wird möglicherweise durch die vorliegenden Daten noch unterschätzt, da Akzeptanz und Compliance hinsichtlich der verschriebenen Medikation nicht immer gegeben waren (Swanson *et al.* 2008).
Die Kurzzeitergebnisse einer ähnlichen, kleineren Untersuchung mit 75 Kindern, der Kölner Adaptiven Multimodalen Therapiestudie, wurden 2004 veröffentlicht. Hier zeigte sich sowohl eine Kombination aus Medikation und Verhaltenstherapie als auch reine Verhaltenstherapie erfolgreich; laut Lehrerurteil

war die kombinierte Therapie effektiver. Über eventuelle Nebenwirkungen der Medikation wird nicht berichtet. Die Langzeitergebnisse befinden sich im Herbst 2008 noch in Vorbereitung zur Publikation (Döpfner *et al.* 2004, Datenbanksuche).

Nebenwirkungen der Stimulanzientherapie in Bezug auf die Ernährung
Kinder, die zur Behandlung von ADHS Stimulanzien einnehmen, werden dadurch in ihrem Verhalten insgesamt meist ruhiger und ausgeglichener. Doch hat die Medikation insofern Auswirkungen auf das Essverhalten, als die am häufigsten beschriebene Nebenwirkung Appetitlosigkeit ist. Weiterhin können auch Bauch-, Kopfschmerzen und Schlafstörungen auftreten, die Auswirkungen auf den Appetit haben können (Müller 1999).
Diese bekannten Nebenwirkungen im Zusammenhang mit den beobachteten Wachstumsdefiziten legen die Vermutung nahe, dass mit Stimulanzien behandelte Kinder zu wenig Energie aufnehmen, was möglicherweise zu Defiziten an einzelnen Nährstoffen führen kann. Dies kann wiederum negative Auswirkungen auf das Allgemeinbefinden und auf die ADHS-Symptomatik haben und so zu einem Teufelskreis führen. Bisher wurden hierzu noch keine Langzeitstudien durchgeführt. Um Wachstumsdefizite genauer zu verstehen und ggf. trotz Medikation verhindern zu können, wäre es wichtig, einschätzen zu können, ob und wie sich die Ernährung solcher Kinder quantitativ und qualitativ sowohl von der von Kindern mit ADHS; die nicht medikamentös behandelt werden, als auch von Kindern ohne ADHS unterscheidet.

4. Zusammenhänge zwischen Ernährung und Verhalten

Laut Volksmund hält Essen Leib und Seele zusammen; eine ausgewogene, an den jeweiligen Stoffwechsel angepasste Ernährung bildet die Grundlage physischen und psychischen Wohlbefindens (Homann 2003).

Unter Verhalten wird die Gesamtheit der beobachtbaren und beschreibbaren Lebensäußerungen in Form von Reaktionen, Handlungen eines Individuums verstanden. Funktionell bedeutet es eine durch Gene und Lernen beeinflusste Anpassungsleistung eines Organismus an seine Umwelt. Äußerungen von Verhalten können auf motorischer, kognitiver, emotionaler, affektiver und sozialer Ebene stattfinden (Baerlocher 1991).

Nährstoffe können Funktion und Leistung des Gehirns, und damit auch das Verhalten, spezifisch beeinflussen. Glukose stellt zu über 70% die Energie für das Gehirn bereit, Aminosäuren dienen als Vorstufen von Neurotransmittern, essentielle Fettsäuren sind für den Aufbau von Myelinscheiden und Zellmembranen notwendig, sind aber auch Vorstufen für Prostaglandine und Leukotriene. Mineralien und Vitamine sind intensiv am Stoffwechsel des Gehirns beteiligt (s. Tab. 3).

Tab. 3: Einfluss der in der Nahrung vorhandenen Nährstoffe auf Funktion und Leistung des Gehirns (Quelle: Baerlocher 1991)

Glucose	Energiequelle des Gehirns (> 70%)
Aminosäuren	Neurotransmitter oder Neurotransmittervorstufen • Glycin • Glutamin/Gluaminsäure • Taurin • GABA (Gamma-Aminobuttersäure) • Tryptophan → Serotonin • Tyrosin → Katecholamine
Fettsäuren	Aufbau von Myelin und Zellmembranen, Vorstufe von Prostaglandinen und Leukotrienen
Mineralien, Vitamine	Beteiligung am Hirnstoffwechsel

Auch sekundäre, mit der Ernährung zusammenhängende Regulationsmechanismen über Hormone (z. B. Insulin), Neuropeptide und Intermediärprodukte können das Gehirn beeinflussen. Wie aus Tab. 4 ersichtlich, können verschiedene

Ernährungsfaktoren die Gehirnfunktion dahingehend beeinträchtigen, dass sie zu Änderungen des Verhaltens führen:

- ein primärer oder sekundärer <u>Mangel</u> an Nährstoffen,
- eine <u>Überbelastung</u> mit bestimmten Nahrungsbestandteilen, toxischen Substanzen und Genussmitteln, sowie
- <u>pharmakologisch aktive Substanzen</u> aus der Nahrung, wie biogene Amine, Lebensmittelzusatzstoffe, Peptide, Exorphine und weitere (Baerlocher 1991).

Tab. 4: Pathologische Ernährungssituation mit Einfluss auf Gehirnfunktionen

(Quelle: Baerlocher 1991)

Mangelernährung	**Überbelastung mit Nahrungsbestandteilen, Genussmitteln und toxischen Substanzen**
• Energie	• Koffein, Alkohol
• Protein	• Toxine (z.B. Mykotoxine)
• Fettsäuren	• Spurenelemente (z.B. Blei)
• Mineralien	• Vitamine
• Spurenelemente	• Pharmakologisch aktive Substanzen
• Vitamine	

So wird davon ausgegangen, dass sich das Verhalten durch entsprechende gezielte Zufuhr oder Restriktion bestimmter Nährstoffe bzw. Lebensmittel beeinflussen lässt (Baerlocher 1991).

Neben den genannten bekannten Mechanismen werden weitere Erklärungsmöglichkeiten für Einflüsse der Ernährung auf das Verhalten diskutiert:

- genetisch bedingte Besonderheiten bei der Entgiftung von Nahrungsbestandteilen,
- der Einfluss von Fettsäuren auf die Immunantwort,
- die Wirkung neuroendokriner Hormone, v.a. als Regulatoren der Immunfunktion,
- endogene Opioide (Endorphine) und verwandte Peptide, sowie
- Immunmodulatoren (Baerlocher 1991).

Während diese Aufzählung Baerlochers aus dem Jahr 1991 stammt, scheint bis heute nicht wesentlich mehr über diese Mechanismen bekannt zu sein als damals. Belegbare und nachvollziehbare Erklärungen fehlen nach wie vor.

4.1 Nährstoffdefizite

Die Geschichte zeigt, dass gesellschaftlich bedingte Veränderungen der Ernährungsgewohnheiten ernährungsbedingte Erkrankungen hervorrufen können. Die Anzeichen häufen sich, dass AHDS die Manifestation eines Nährstoffdefizits aufgrund der „modernen" Ernährungsgewohnheiten in industrialisierten Ländern darstellen könnte. Die Entwicklung der letzten 100 Jahre ist durch nie da gewesene Änderungen der Nährstoffzusammensetzung gekennzeichnet, und die Prävalenz der ADHS ist währenddessen stetig angestiegen (Ottoboni und Ottoboni 2003).

Diese Ernährungsweisen sind durch einen hohen Verzehr von Zucker und Weißmehlprodukten, poliertem Reis und stark verarbeiteten Lebensmitteln charakterisiert. Dies erfordert eine vermehrte und schnellere Insulinsekretion. Das Verhältnis von Omega-6- zu Omega-3-Fettsäuren hat sich im Lauf der Zeit in einen ungünstigen Bereich von etwa 20:1 verschoben, da die meisten Pflanzenöle relativ viel Linolsäure (LA, Omega-6), aber wenig Alpha-Linolensäure (ALA, Omega-3) enthalten; die Aufnahme von Transfettsäuren aus gehärteten Fetten ist gestiegen (Ottoboni und Ottoboni 2003).

Eine solche Ernährungsweise bedingt eine niedrige Nährstoffdichte bei hoher Energiedichte. Angeborene Defekte können durch <u>intrauterine Nährstoffdefizite</u> verursacht werden, wie beispielsweise Kretinismus bei klinischem Jodmangel werdender Mütter (Ottoboni und Ottoboni 2003). Bei Veränderungen der Gehirnentwicklung aufgrund pränataler Fehl- und/oder Mangelernährung können drei voneinander abhängige Prozesse eine Rolle spielen:

- Eine Fehlernährung der Mutter zu Beginn der Schwangerschaft führt zu einem reduzierten Transfer von Nährstoffen über die Placenta.

- Die fetale Allokation der Nährstoffe auf wachsende Organe ist am relativen Beitrag des einzelnen Organs für Überleben und Fortpflanzung orientiert. Auch wenn das Gehirn somit bevorzugt versorgt wird, kann dessen Versorgung bei Nährstoffmangel limitiert sein.

- Eine Fehlernährung stört die Entwicklung der Neurotransmittersysteme, was in einer spezifischen Ausprägung kognitiver und affektiver Persönlichkeitsmerkmale resultiert (Lukas und Campbell 1999).

Die Funktion aller Körperzellen, auch der Neuronen, hängt von der Präsenz einer Reihe von Mikronährstoffen ab. Ein Mangel an einem oder an mehreren

Mikronährstoffen kann die Fähigkeit einer Zelle, andere Nährstoffe aufzunehmen oder zu verwenden hemmen, so dass es nicht immer möglich ist, exakte Effekte einzelner Substanzen zu identifizieren (FHF 2008).

Das Gehirn macht nur ca. 2% des Körpergewichts aus, beansprucht aber etwa 25% des Glucoseangebots und 19% der Blutversorgung im Ruhezustand. Bei hoher cerebraler Aktivität steigen diese Werte auf 50 bzw. 51% an. Glucose stellt die primäre Energiequelle für das Gehirn dar. Da es diese nur sehr begrenzt speichern kann, benötigt es ständigen Nachschub über die Blutversorgung. Eine Reihe von Nährstoffen ist an der Aufrechterhaltung der cerebralen Durchblutung und der Integrität der Blut-Hirn-Schranke beteiligt. Dazu zählen Folsäure, Pyridoxin (Vitamin B_6), Cobalamin (Vitamin B_{12}), Thiamin (Vitamin B_1) und Omega-3-Fettsäuren. Auch im Monoaminstoffwechsel werden verschiedene Nährstoffe als Cofaktoren von Enzymen für die Synthese von Neurotransmittern benötigt (Sinn 2008b).

Der Verzehr eines Frühstücks hat sich als vorteilhaft bezüglich der Leistungen und des Verhaltens mancher Kinder erwiesen. Eine Mahlzeit mit niedrigem glykämischem Index schien die besten Resultate zu liefern. Das FHF, eine britische Regierungsorganisation, empfiehlt auf der Basis von Forschungsergebnissen die Einführung von Schulfrühstücks-Clubs mit einem Angebot an Mahlzeiten mit niedriger glykämischer Last, die ernährungsphysiologischen Anforderungen gerecht werden. Die britische Regierung wird ermutigt, diese für alle Kinder, die bereits Anrecht auf freie Mittagsverpflegung in der Schule haben, zu finanzieren (FHF 2008).

4.2 Nahrungsmittelunverträglichkeiten

Der Überbegriff „Nahrungsmittelunverträglichkeit" bezeichnet übergreifend alle krankhaften Erscheinungen nach dem Verzehr von Lebensmitteln, Gewürzen und Zusatzstoffen. Möglicherweise durch Ernährungsfaktoren ausgelöste pathogenetische Mechanismen können grundsätzlich in immunologische und nicht immunologische Reaktionen eingeteilt werden (s. Abb. 5) (Wüthrich 2008).

Neben mannigfaltigen anderen Symptomen kann eine Nahrungsmittelunverträglichkeit auch Verhaltens-, Aufmerksamkeits- und Konzentrationsstörungen auslösen. Da besonders für die Eltern von kleinen Kindern nicht jede Unverträglichkeitsreaktion äußerlich erkennbar ist, besteht die potentielle Gefahr, dass diese unerkannt bleiben und eventuelle Symptome später von den Kindern als normal eingestuft werden, da sie es nicht anders kennen (Homann 2003).

Die klassische Ernährungstherapie bei bekannten Nahrungsmittelunverträglichkeiten besteht in der Vermeidung problematischer Lebensmittel. Eliminationsdiäten spielen bei Diagnostik und Therapie von Unverträglichkeitsreaktionen eine wichtige Rolle (Reese *et al.* 2006).

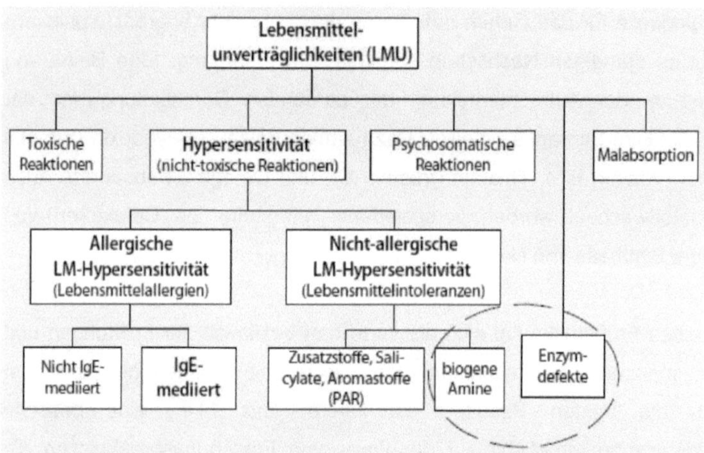

Abb. 4: Einteilung der Unverträglichkeiten auf Lebensmittel
(Quelle: DGE-Arbeitsgruppe „Diätetik in der Allergologie" 2004)

Nahrungsmittelallergien

Immunologisch vermittelte Reaktionen werden als <u>Allergien</u> bezeichnet, wobei die die IgE-vermittelten Sofortreaktionen von den verzögerten Reaktionen, die IgG-, IgM- oder T-Zell-vermittelt sind, unterschieden werden (Baerlocher 1991).Eine echte Nahrungsmittelallergie liegt dann vor, wenn Allergen-spezifische immunologische Mechanismen ausgelöst werden (Wüthrich 2008).

Eine 2007 veröffentlichte Metaanalyse zur Prävalenz einiger Nahrungsmittelallergien untersuchte die Häufigkeit, mit der Allergien auf Kuhmilch, Hühnerei, Erdnüsse, Fisch und Schalentiere weltweit vorkommen. Die auf eigenen Angaben Betroffener beruhende Prävalenz ist deutlich höher, als wenn objektive Messungen zugrunde gelegt werden. Da es zu dieser Thematik aber nur wenige DBPCFC-Studien (double blind, placebo-controlled food challenge, doppelblinder, placebokontrollierter Lebensmittel-Provokationstest) gibt, die allgemein als Goldstandard bei der Diagnose von Nahrungsmittelunverträglichkeiten angesehen werden, können keine validen Aussagen zur Prävalenz gemacht werden. Laut eigenen Angaben sind 1 - 17% gegen Milch, bis zu 7% gegen Eier, bis zu 2% gegen Erdnüsse oder Fisch, bis zu 10% gegen Schalentiere und 3-35% gegen irgendein Lebensmittel allergisch. Ein direkter Zusammenhang zwischen ADHS und echten Allergien ist bisher nicht nachgewiesen (Rona et al. 2007).

Erwähnt werden diese hier deshalb, weil oligoantigene Eliminationsdiäten, die arm an Allergenen sind, in klinischen Studien bei ADHS zu positiven Effekten geführt haben. Ob dabei eine echte Allergie eine Rolle spielt, ist jedoch unklar.

Nahrungsmittelintoleranzen

Nicht immunologische Reaktionen werden auch als Intoleranzen bezeichnet und umfassen toxische Reaktionen, durch einen Enzymmangel bedingte Stoffwechselstörungen sowie psychologische und pseudoallergische Reaktionen (PAR). Bei letzteren können dieselben Symptome wie bei einer echten Allergie auftreten. Hier sind im Besonderen die biogenen Amine zu nennen, die in vielen Lebensmitteln vorkommen und eine PAR auslösen können (Baerlocher 1991).

Die Nahrungsmittelintoleranzen entsprechen den nichtallergischen Hypersensitivitätsreaktionen, wobei enzymatische, phamakologische und unbekannte Intoleranz erzeugende Mechnismen zu unterscheiden sind. Bei Enzymopathien werden bestimmte Nahrungsmittel aufgrund eines Enzymdefekts oder –mangels nicht vertragen (Wüthrich 2008).

Pharmakologische Intoleranzen können nach dem Verzehr von Nahrungsmitteln, die pharmakologisch aktive Substanzen enthalten, auftreten. Dazu gehören psychoaktive oder vasoaktive biogene Amine wie Tyramin, Serotonin und Phenylethylamin. Die Histaminintoleranz nimmt eine Sonderstellung zwischen den enzymatischen und den pharmakologisch vermittelten Intoleranzen ein. Durch einen Mangel des vor allem in der Darmschleimhaut lokalisierten Enzyms Diaminoxidase wird exogenes Histamin unzureichend abgebaut. Bestimmte Medikamente, darunter Aspirin (Acetylsalicylsäure) hemmen die DAO-Aktivität. So kann es zu pharmakologisch wirksamen Histaminkonzentrationen im Blut kommen, die die gleichen Beschwerden wie eine allergische Sofortreaktion auslösen können (Wüthrich 2008: 2).

Unbekannte Mechanismen führen zu den so genannten <u>pseudoallergischen Reaktionen</u> (PAR). Sie werden durch die Freisetzung von Mediatoren aus Basophilen oder Mastzellen verursacht. Der zugrunde liegende Mechanismus ist unklar. Auslöser sind meist kleinmolekulare Substanzen wie die Lebensmittelzusatzstoffe Tartrazin, Benzoesäure oder Sulfit. Für Nahrungsmittelintoleranzen stehen derzeit keine validierten Haut- oder Bluttests zur Verfügung, so dass eine verlässliche Diagnose ausschließlich durch einen doppelblinden, placebokontrollierten Provokationstest (DBPCFC) erfolgen kann (Wüthrich 2008).

Glutensensitive Enteropathie

Bei der glutensensitiven Enteropathie oder <u>Zöliakie</u> (bei Kindern), die mit ihrer komplexen Immunreaktion eine Sonderstellung innerhalb der Nahrungsmittelunverträglichkeiten einnimmt, besteht eine chronische, reaktive Zottenatrophie mit Resorptionstörung des Dünndarms, die sich nur unter Verzicht auf glutenhaltige Lebensmittel zurückbildet und so eine lebenslange glutenfreie Ernährung erforderlich macht. Hauptsymptom sind voluminöse, fettreiche Stühle. Kleinkinder weisen oft Gedeihstörungen und ein aufgetriebenes Abdomen auf. Die glutensensitive Enteropathie ist durch eine erhöhte Darmpermeabilität, eine unspezifische Immunreaktion gegen natürliche Peptide, eine humorale und zelluläre Immunreaktion gegen Gluten-Peptide, aber auch durch eine Autoimmunkomponente charakterisiert und stellt damit ein komplexes Krankheitsbild dar (Wüthrich 2008).

4.3 ADHS, Adipositas und Essstörungen

ADHS und Adipositas

Ergebnisse epidemiologischer Studien legen einen Zusammenhang zwischen Adipositas bei Kindern und reduzierter körperlicher Aktivität nahe. Kinder mit ADHS sind physisch hyperaktiv und zeigen so eine hohe motorische Aktivität.

Eine Studie der Universität Aachen von Holtkamp *et al.* (2004) beschäftigt sich mit der Frage, ob die Prävalenz von Adipositas in einer von ADHS betroffenen Population von Jungen niedriger ist als bei einer gesunden Referenzpopulation. Der mittlere BMI bei 97 Jungen mit ADHS war in dieser Untersuchung überraschenderweise signifikant höher als bei der Referenzpopulation. Wesentlich mehr Kinder als erwartet lagen mit ihrem BMI oberhalb der 90-sten bzw. 97-sten Perzentile (19,6% bzw. 7,2%). So zeigte sich, dass hyperaktives Verhalten offenbar keinen Schutz vor einer Entwicklung oder dem Fortbestehen von Übergewicht und Adipositas darstellt (Holtkamp *et al.* 2004).

Auch eine 2005 veröffentlichte israelische Studie beschreibt eine Untergruppe von Kindern mit ADHS, die eine komorbide Adipositas aufweisen und sucht nach möglichen Zusammenhängen. Von 26 adipösen Schulkindern, die in der pädiatrischen Abteilung für Essstörungen einer Universitätsklinik stationär aufgenommen wurden, wurde bei 58% auch ADHS diagnostiziert. Da es für diese Studie keine echte Kontrollgruppe gab, ist es zum Vergleich bemerkenswert, dass die anhand von Behandlungsprotokollen festgestellte Prävalenz der ADHS unter jungen Patientinnen mit Anorexia nervosa mit nur 4,8% ähnlich hoch wie in der Allgemeinbevölkerung war (Agranat-Mehet *et al.* 2005).

Ein neues Bewusstsein hinsichtlich dieser Komorbidität könnte die Behandlung und deren Resultate sowohl von ADHS als auch von Adipositas zukünftig beeinflussen. Bei nur 40% der Kinder, bei denen im Rahmen der Studie ADHS diagnostiziert wurde, war diese Diagnose auch zuvor schon gestellt worden, obwohl alle in ärztlicher Behandlung gewesen waren. Dafür werden mehrere Gründe vermutet: viele Kinder litten am vorwiegend unaufmerksamen Typ ADS, der oft weniger auffällig ist. Bei Kindern, die unter dem kombinierten Subtyp leiden, wird das Symptom Hyperaktivität möglicherweise durch eine adipositas-bedingte geringe Mobilität maskiert. Auch können Vorurteile gegen adipöse Individuen eine objektive Beurteilung ihres Verhaltens überlagern. Die hohe Prävalenz von ADHS in dieser Studie kann zum Teil durch Selektionsbias verzerrt sein, da Kinder mit komorbider ADHS vielleicht eher stationär aufgenommen werden als Kinder ohne Komorbidität (Agranat-Mehet *et al.* 2005).

Übermäßiges Essen resultiert aus einer Imbalance zwischen Risiko- und schützenden Faktoren. Hier ist die Fähigkeit zu einer angemessenen Regulierung der Nahrungsaufnahme von besonderer Bedeutung. Schwierigkeiten bei der Regulierung des Verhaltens, wie sie bei ADHS auftreten, stellen möglicherweise einen Risikofaktor bei der Entwicklung abnormaler Ess- und Trinkgewohnheiten, die zu Adipositas führen, dar (Agranat-Mehet *et al.* 2005).

Die Autoren der Studie schlagen vor, Kinder mit Adipositas grundsätzlich auch auf ADHS zu testen, aber auch bei Kindern mit ADHS deren Ess- und Trinkverhalten in Augenschein zu nehmen. Eine möglichst frühe Intervention kann die ernsten medizinischen und emotionalen Konsequenzen einer Adipositas verhindern oder abmildern. Weiterhin ist es wichtig, adipöse Individuen mit ADHS genauer zu charakterisieren, um festzustellen, ob diese einen speziell ausgeprägten Subtyp der ADHS repräsentieren. Zukünftige Studien sollten die Beziehungen zwischen ADHS und Adipositas genauer untersuchen (Agranat-Mehet *et al.* 2005).

Ein Fachartikel aus dem Jahr 2006 beschäftigt sich mit den Konsequenzen, die aus den Ergebnissen der beiden vorangegangenen Studien zu ziehen sind. Bei der Entwicklung von Übergewicht und Adipositas im Kindesalter spielen biologische, psychosoziale und kulturelle Faktoren zusammen. Kinder, die sowohl von ADHS als auch von Adipositas betroffen sind, zu behandeln, stellt eine enorme Herausforderung dar. Es werden erste Vorschläge für mögliche Vorgehensweisen bei der Behandlung präsentiert. Der Ansatz fokussiert auf präpubertäre Kinder mit Übergewicht oder moderater Adipositas und kombiniert erzieherische und Aufklärungsmaßnahmen mit Bewegungsprogrammen (Panzer 2006).

ADHS und Binge Eating
Die Binge Eating Disorder bezeichnet eine Essstörung mit Heißhunger- bzw. Fressanfällen unter Kontrollverlust, die langfristig zu Adipositas führt, aber auch weitere Essstörungen nach sich ziehen kann. Mehrere Veröffentlichungen aus der jüngeren Zeit fanden bei Kindern mit ADHS gehäuft eine Komorbidität mit der <u>Binge Eating Disorder</u>, Ein ebenfalls 2006 erschienener Fachartikel stellt die Ergebnisse vor, diskutiert mögliche Gründe und unterbreitet Vorschläge für weiterführende Forschung (Cortese *et al.* 2007).
Daten aus dem Minnesota Adolescent Health Survey (Minnesota Jugend-Gesundheits-Survey) zeigen, dass Jugendliche mit ADS (ohne Hyperaktivität) häufiger unter Essattacken litten als eine Kontrollgruppe. Allerdings beruhten die beiden Diagnosen lediglich auf der Selbsteinschätzung der Jugendlichen. Während in der Gesamtbevölkerung schätzungsweise 2,6% von einer Binge Eating Disorder betroffen sind, wiesen in einer Studie mit 86 erwachsenen Teilnehmern mit ADHS 8,3% diese Essstörung auf. Diese Patienten hatten signifikant mehr komorbide psychische Störungen als ADHS-Patienten ohne Binge Eating Disorder. Eine Auswertung von Daten aus vier großen Fall-Kontrollstudien ergab, dass Frauen mit ADHS signifikant häufiger eine Binge Eating Disorder oder eine Bulimie entwickeln

als Frauen ohne ADHS, dies aber bei Männern und Kindern mit ADHS nicht der Fall ist. Von der Bulimie ist bekannt, dass sie meist in der späten Adoleszenz einsetzt. In einer retrospektiven Studie mit 110 Frauen aus der Allgemeinbevölkerung konnte das Vorhandensein von ADHS im Kindesalter signifikant eine spätere Entwicklung abnormaler Essgewohnheiten, zu denen auch die Binge Eating Disorder gezählt wird, bedingen. Auch hier hatte allerdings keine formale Diagnose der ADHS im Kindesalter stattgefunden (Cortese *et al.* 2007).

Mehrere Studien berichten von einer Besserung sowohl der ADHS-Symptomatik als auch einer komorbiden Binge Eating Disorder durch eine Medikation mit Stimulanzien. Deren regulierende Wirkung auf die Impulsivität hilft vermutlich bei diesen Patienten auch, das Ess- und Trinkverhalten zu normalisieren. Eine verbesserte Aufmerksamkeit kann regelmäßigere Mahlzeitenmuster ermöglichen. Zum Einfluss einer auf ADHS bezogenen Verhaltenstherapie auf die Ausprägung einer komorbiden Binge Eating Disorder gibt es bisher keine kontrollierten Studien, so dass hier Forschungsbedarf besteht. Eine gezielte Behandlungsplanung bei ADHS mit komorbider Binge Eating Disorder könnte die Lebensqualität der Patienten verbessern (Cortese *et al.* 2007).

Ein Screening von Binge Eating-Patienten auf ADHS kann für die Behandlungsplanung hilfreich sein. Patienten mit Essstörungen empfinden meist große Scham aufgrund ihres abnormalen Essverhaltens, fühlen sich ohnmächtig, außer Kontrolle und hilflos. Möglicherweise ist der mit Essattacken verbundene Kontrollverlust durch die typischen ADHS-Symptome mitbedingt. So könnte eine möglichst frühe Behandlung der ADHS bei für Essstörungen anfälligen Individuen deren Ess- und Trinkverhalten präventiv verbessern. Prospektive Langzeitstudien, die bisher fehlen, könnten zu einem besseren Verständnis der psychopathologischen Ursachen für die Zusammenhänge zwischen ADHS und der Binge Eating Disorder führen (Cortese *et al.* 2007).

ADHS, Bulimie und Anorexie bei Mädchen

Eine 2007 veröffentlichte prospektive Langzeitstudie untersuchte über 5 Jahre hinweg Verbindungen zwischen dem Auftreten von Anorexie und Bulimie bei Mädchen mit und ohne ADHS. Zu Beginn der Untersuchung waren die Teilnehmerinnen zwischen 6 und 18 Jahren alt. Mädchen mit ADHS hatten im Vergleich zu Mädchen ohne ADHS ein 3,6-fach erhöhtes Risiko, in ihrer Jugend oder im frühen Erwachsenenalter eine solche Essstörung zu entwickeln. Mädchen mit ADHS und einer Essstörung erlebten ihre Menarche signifikant früher als diejenigen mit ADHS ohne Essstörung; die Bedeutung dieser Tatsache ist unklar. Zudem hatten sie ein erhöhtes Risiko, psychische Komorbitäten wie Depressionen, Angststörungen und weitere Verhaltensstörungen zu entwickeln (Biederman *et al.* 2007).

4.4 ADHS und Adipositas als Manifestationen eines Reizüberflutungs-Syndroms

Hintergrund
Bazar *et al.* (2005) haben ein Modell entwickelt, das <u>mechanistische Überschneidungen</u> zwischen kognitiven, metabolischen und inflammatorischen Störungen aufzeigt. Demnach stellen ADHS und Adipositas verschiedene Manifestationen eines so genannten „Environmental Oversampling Syndrome" dar. Dieser Begriff wird hier von der Verfasserin mit „Reizüberflutungs-Syndrom" übersetzt und bezeichnet das Phänomen einer übermäßigen Flut an Informationen in Form sensorischer und nutritiver Inhalte, die zu Dysfunktionen führt. Diese Inhalte können unabhängig voneinander sowohl ADHS wie auch Adipositas begünstigen (Bazar *et al.* 2006).

Obwohl die steigende Prävalenz von Übergewicht und Adipositas hauptsächlich einem gegenüber früheren Zeiten leichteren Zugang zu Nahrung und einer vorwiegend sitzenden Lebensweise zugeschrieben wird, gibt es weitere ungeklärte Aspekte, und eine geeignete Behandlung gestaltet sich schwierig. Deshalb wurde die Rolle von Umwelteinflüssen wie dem <u>Fernsehkonsum</u> verstärkt beforscht. Ein hoher Fernsehkonsum bedingt eine Lebensweise, die eine Imbalance zwischen Energieaufnahme und –verbrauch begünstigt und ist vor allem bei Kindern mit Adipositas assoziiert. Interventionen, die auf einer Reduzierung des Fernsehkonsums basieren, zeigten bei der Behandlung der Adipositas Erfolge. Eine ähnliche Beziehung scheint zwischen hohem Fernsehkonsum und ADHS zu bestehen, und die Rolle einer dysfunktionalen kognitiven Überstimulierung als möglicher kausaler Faktor wird diskutiert. Art und Ausmaß der Umweltreize während der kindlichen Entwicklung beeinflussen die Dichte der neuronalen Synapsen im Verlauf der neuronalen Entwicklung (Bazar *et al.* 2006).

Bazar *et al.* betrachten kognitive Wahrnehmung und Verdauung als parallele intelligente Systeme. Da zwischen ADHS und dem Risiko für Adipositas der beschriebene Zusammenhang besteht, kann eine sensorische Reizüberflutung über hohen Fernsehkonsum möglicherweise auch unabhängig von einer vorwiegend sitzenden Lebensweise zur Entwicklung von Adipositas beitragen, so dass die Rolle einer kognitiven Reizüberflutung bisher vielleicht unterschätzt wurde. Kognitive Beeinträchtigungen durch ADHS können sich in Form sozialer Unzulänglichkeiten und selbstzerstörerischen, zwanghaften Verhaltens äußern und so übermäßiges Essen und Adipositas begünstigen. Immanente zwanghafte Tendenzen, die oft dem Störungsbild der ADHS zugeschrieben werden, könnten auch das Resultat einer Reizüberflutung sein (Bazar *et al.* 2006).

Mechanistische Überschneidungen
Die folgenden Phänomene spiegeln eine mechanistische Überschneidung von ADHS und Adipositas wider: Das Dopaminrezeptorgen DRD4 ist sowohl mit ADHS als auch mit Adipositas verknüpft, so dass möglicherweise ein gemeinsamer Entstehungsweg für beide Erkrankungen existiert. Eine Dysfunktion von Dopamin-D_2-Rezeptoren führt zu <u>unzureichender Befriedigung durch Belohnung</u>, die normalerweise über den Neurotransmitter Dopamin vermittelt wird, und damit zu einem „Hunger" nach Belohnung. Dieser Belohnungsbedarf kann durch „Input" an Informationen wie Fernsehen, Risikoverhalten, Substanzmissbrauch oder abnormales Ess- und Trinkverhalten befriedigt werden – Verhaltensweisen, wie sowohl ADHS-Betroffene als auch Adipöse sie an den Tag legen. Eine vorliegende Adipositas scheint die Aktivität von Dopamin-D_4-Rezeptoren herunterzuregeln, was zum einen dopaminerge Dysfunktionen wie ADHS, zum anderen die Adipositas selbst weiter verschlimmern kann. Dopamin-D_2-Rezepor-Agonisten, die verschiedene psychiatrische Symptome modulieren, scheinen auch eine adipositas-assoziierte Insulinresistenz zu reduzieren. Dysregulationen der Hypothalamus-Hypophysen-Achse könnten eine Schnittstelle metabolischer und psychiatrischer Störungen repräsentieren und so in Bezug auf die Verbindung zwischen ADHS und Adipositas eine Rolle spielen (Bazar *et al.* 2006).
Die so genannte <u>Langzeitpotenzierung</u> im Gehirn meint die lang anhaltende Verstärkung der synaptischen Übertragung als eine von mehreren Formen der synaptischen Plastizität der Anpassungsleistung des Gehirns infolge bestimmter Umweltreize. Sie stellt einen weiteren Vorgang dar, der eine mögliche mechanistische Überschneidung von ADHS und Adipositas repräsentiert. Eine gestörte Langzeitpotenzierung steht in Beziehung zu ADHS, impulsivem Verhalten

und verschiedenen affektiven Störungen, die wiederum im Zusammenhang mit Adipositas stehen. Wenn auch Verhaltensstörungen vermutlich eine Prädisposition für Adipositas bedingen, können sie auch als Folge von Adipositas entstehen. Cytokine wie Interleukin-8, die bei Adipositas im Fettgewebe vermehrt ausgeschüttet werden, vermögen die Langzeitpotenzierung zu dämpfen. Viele der Hormone, die nach Nahrungsaufnahme ausgeschüttet werden, hemmen oder verändern die Langzeitpotenzierung. Somit scheint es plausibel, dass eine nutritive Übersättigung über eine gestörte Langzeitpotenzierung ADHS induzieren kann. Das für die Regulierung des Schlafes zuständige Hormon Melatonin spielt ebenfalls sowohl bei ADHS als auch bei Adipositas eine Rolle und beeinflusst wiederum die Langzeitpotenzierung. Niedrige Tryptophanspiegel, die eine hohe Aufnahme von Tryptophan ins Gehirn für die Synthese von Serotonin, der Vorstufe von Melatonin, anzeigen, sind mit Adipositas assoziiert (Bazar *et al.* 2006).

Psychotrop und metabolisch wirkende Pharmaka führen zu sich teilweise überschneidenden Effekten. Stimulanzien können aufgrund ihrer appetithemmenden Wirkung Adipositas reduzieren. Das ebenfalls bei ADHS oft verschriebene Sympatholytikum Clonidin verbessert die Insulinsensitivität. Einige weitere Wirkstoffe führen sowohl bei ADHS als auch bei Adipositas zu Verbesserungen. Andere Wirkstoffe wie Antipsychotika oder trizyklische Antidepressiva, die bei ADHS positive Wirkungen gezeigt haben, können dagegen zu Gewichtszunahme und Insulinresistenz führen. Die psychotropen Effekte metabolischer Wirkstoffe sind weniger gut erforscht; doch zeigen sich ähnliche Zusammenhänge: Das bei Insulinresistenz verschriebene Metformin hat sich auch bei affektiven Störungen als wirksam erwiesen. Das inzwischen wegen kardiovaskulärer Nebenwirkungen nicht mehr verschriebene Dexfenfluramin dagegen scheint psychiatrische Störungen zu verschlimmern (Bazar *et al.* 2006).

Aus evolutionärer Sicht ist der Begriff „illegitime Signalübertragung" als das Senden eines Signals durch ein Individuum, das eine vorhersehbare Antwort eines anderen Individuums für eigene Überlebensvorteile ausnutzt, definiert. Moderne menschliche Gesellschaften sind von Vorgängen illegitimer Signalübertragung durchdrungen. Massenkommunikationsmittel und Mobilität haben diese Entwicklung durch die Auflösung familienbasierter Stammesgemeinschaften vorangetrieben. Während die Anreize, andere Mitglieder einer Gemeinschaft auszunutzen, in solchen prähistorischen Stammesgemeinschaften untereinander durch Überlebensvorteile der Gemeinschaft und gegenseitigen Altruismus gemildert wurden, kann illegitime Signalübertragung in modernen Gesellschaften eskalieren, da der Nutzen oftmals die Nachteile zunächst überwiegen kann. Das Aufkommen der Massenmedien hat der Praktizierung illegitimer Signalübertragung im Sinne von gezielter Instrumentalisierung, wie sie u. a. durch irreführende Werbung betrieben wird, weiter Vorschub geleistet. Die Konkurrenz um die Aufmerksamkeit der Zuschauer in Form von Fernseheinschaltquoten führt dazu, dass primäre sensorische Archetypen die Fernsehlandschaft durchdringen. Diese entsprechen Signalen, die aus evolutionärer Sicht einst von wichtiger Bedeutung waren, wie Lärm, Alarmsignale, sexuelle Reize, Gewalt, bunte Farben und schnelle Bewegungen. All diese Reize bilden insgesamt ein Überangebot an Aufmerksamkeit erregenden Signalen, das zu einer Überstimulierung führt (Bazar *et al.* 2006).

Ein paralleles Phänomen lässt sich in Bezug auf die Nahrungsmittelindustrie beobachten. Massenproduktion hat zu einer Imbalanz der kalorischen Verfügbarkeit und der immanenten sensorischen Nachfrage nach Nahrung geführt. Aufgrund ökonomischer Anreize produzieren Unternehmen Lebensmittel, die die sensorische Nachfrage der Bevölkerung nach Salzigem, Fettigem und Süßem befriedigen, obwohl diese Befriedigung langfristig negative gesundheitliche Konsequenzen hat. Sie ist an sensorische Bedürfnisse gerichtet, deren adaptiver Wert heute weitaus geringeren Nutzen hat als zur prähistorischen Zeit. Somit wenden die Massenmedien und die Nahrungsmittelindustrie gezielte Taktiken illegitimer Signalübertragung an, um in einer Welt voller Reizüberflutung wahrgenommen zu werden (Bazar *et al.* 2006).

Die Fähigkeit der Menschen, bedeutungsvolle Signale von illegitimen Signalen zu unterscheiden hat sich nicht schnell genug entwickelt, um diesen Phänomenen etwas entgegenzusetzen, und sie befinden sich in der Position einer nie dagewesenen Anfälligkeit für Reizüberflutung. Diese Anfälligkeit stellt aber nicht zwangsläufig eine Fehlanpassung dar; Organismen scheinen im Verlauf des Lebens ihre Überlebensstrategien abhängig davon, wie sie die Verfügbarkeit von Energie in ihrer Umwelt einschätzen, zu verändern. Sie nehmen bei Ressourcenknappheit eine defensive, sparsame, bei reichlicher Ressourcenverfügbarkeit eine aggressivere Haltung ein. Beispielsweise führen höhere Temperaturen der Umwelt zu verbesserter Ressourcenverfügbarkeit und damit zu kollektiven Reaktionen und Verhaltensänderungen, die eine erhöhte Risikobereitschaft widerspiegeln. Die

Funktion des ubiquitären Hitzeschockproteins Hsp90, das einen Puffer für phänotypische Variation darstellt, wird bei erhöhten Temperaturen unterdrückt, was als evolutionäre Risikobereitschaft hinsichtlich veränderter Genexpression aufgefasst werden kann. Wenn ADHS und Adipositas beide Manifestationen einer Überflutung mit Umweltreizen repräsentieren, könnte dieses Phänomen mit riskanten Verhaltensweisen, die diesen beiden Störungen immanent sind, korreliert sein. Diese könnten deshalb paradoxerweise aus evolutionärer Sicht als eine „Überanpassung" verstanden werden, die in Form von Risikoverhalten bei ADHS oder gesundheitlicher Folgen der Adipositas zu einer verkürzten Lebensspanne führen (Bazar *et al.* 2006).

Adipositas ist eine Komponente des metabolischen Syndroms, unter dem das gemeinsame Auftreten metabolischer und entzündlicher Erkrankungen wie Insulinresistenz, Dyslipoproteinämie und Hypertonie zusammengefasst wird. Werden entzündliche Prozesse mitbetrachtet, können auch immunologische Störungen einen Effekt von Reizüberflutung darstellen, da sie sowohl im Rahmen des metabolischen Syndroms als auch bei Verhaltensstörungen wie ADHS eine Rolle spielen. Auch in diesem Zusammenhang lassen sekundäre Effekte von Wirkstoffen, die das Immunsystem oder das Verhalten beeinflussen, auf Wechselwirkungen zwischen psychischem und immunologischem Zustand schließen. Auch die hohe Prävalenz allergischer Beschwerden bei ADHS spricht für diesen Zusammenhang. Scheinbar ungleichartige psychiatrische Phänomene wie ADHS, andere Verhaltens- und Wahrnehmungsstörungen, affektive Störungen und Psychosen könnten in gleicher Art und Weise begrifflich zu einem gemeinsamen Störungsbild zusammengefasst werden und wiederum gemeinsam mit dem metabolischen Syndrom als einheitliches, allumfassendes Reizüberflutungssyndrom definiert werden (Bazar *et al.* 2006).

Diese zunächst einmal plausibel erscheinende Sichtweise muss durch weitere empirische Beobachtungen überprüft werden. Bazar *et al.* (2006) stellen auf dieser Basis abschließend die Hypothese auf, dass Behandlungsstrategien, die bisher auf eine bestimmte Verhaltens-, metabolische oder entzündliche Störung abzielten, sich möglicherweise für die Behandlung von Störungen aller drei Kategorien eignen. Sie ermutigen zu einem verstärkten interdisziplinären Austausch, um Überschneidungen und gemeinsame Mechanismen verschiedener Erkrankungen besser verstehen zu können (Bazar *et al.* 2006).

4.5 Säuglingsnahrung auf Sojabasis als möglicher Einflussfaktor

Die Mangankonzentrationen in Säuglingsnahrung auf Sojabasis sind bis zu 80-mal so hoch wie in der Muttermilch. Da in den ersten Lebensmonaten noch keine Manganhomöostase stattfindet, tendieren Säuglinge dazu, mit der soja-basierten Nahrung wesentlich mehr Mangan aufzunehmen als gestillte Säuglinge. Relativ hohe Mangankonzentrationen, die im Kopfhaar von mit Soja ernährten Säuglingen gefunden wurden, weisen möglicherweise auf eine zu hohe Exposition mit eventuellen neurotoxischen Auswirkungen hin. Möglicherweise kann eine Säuglingsernährung auf Sojabasis die Entwicklung des Gehirns beeinträchtigen. Aus diesen Zusammenhängen ergab sich die Hypothese einer kausalen Beziehung zwischen soja-basierter Ernährung von Säuglingen und späterer Entstehung von ADHS (Crinella 2003).

Ergebnisse verschiedener Studien aus den letzten 30 Jahren haben über hohe Mangankonzentrationen im Kopfhaar von Kindern mit ADHS berichtet. Das essenzielle Spurenelement Mangan wird hauptsächlich über die Nahrung aufgenommen und über die Galle ausgeschieden. Die Absorption ist bei Neugeborenen deutlich höher als bei Erwachsenen. Innerhalb der ersten 4 Lebensmonate gleicht sie sich an das Niveau bei Erwachsenen an (Crinella 2003).

Bei neugeborenen Tieren führt eine hohe Manganexposition zu niedrigen Dopaminspiegeln und Verhaltensstörungen. Selbst niedrige zusätzliche Dosen führen zu adversen Effekten in Form von neurologischen Verletzungen in dopaminergen Systemen wie im frontalen Cortex und Striatum. Mangan katalysiert die Autoxidation von Dopamin und kann so zu toxischen Läsionen in dopaminergen Regionen führen. Eine übermäßige Manganabsorption resultiert in einer Zerstörung oder Inaktivierung von Dopaminrezeptoren durch Membranschäden. Weiterhin hat Mangan Auswirkungen auf Neuromelanin, ein Pigment im Gehirn, das in den dopaminergen Regionen der *Substantia nigra* vorkommt und dem schützende und antioxidative Eigenschaften zugeschrieben werden. Bei übermäßiger Manganaufnahme können freie Radikale die Lipidperoxidation potenzieren und so zur Zerstörung von Gewebe führen. Mangan dringt ins Gehirn von Neugeborenen nachweislich in größeren Mengen ein als bei Erwachsenen. Somit sind Säuglinge einem erhöhten Risiko für dessen neurotoxische Wirkung ausgesetzt (Crinella 2003).

Bis heute gibt es keine prospektiven Langzeitstudien, die eventuelle Folgen einer soja-basierten Säuglingsernährung untersuchen. Zwei solche Studien befanden sich

2003 in einem Frühstadium, aber noch wurden keine Ergebnisse veröffentlicht (Crinella 2003, Datenbanksuche).

5. Literaturverzeichnis (inklusive weiterführender Literatur)

AACAP (American Academy of Child and Adolescent Psychiatry) (2007): Practice parameter for the assessment and treatment of children and adolescents with attention-deficit/hyperactivity disorder. J. Am. Acad. Child Adolesc. Psychiatry; 46: 894-929

AAP (American Academy of Pedriatics) (2008): Editor´s note. In: Schonwald Alison (2008): ADHD and food additives revisited. AAP Grand Rounds 2008;19;17

Agranat-Meged AN, Deitcher C, Goldzweig G, Leibenson L, Stein M, Galili-Weisstub E (2005): Childhood obesity and attention deficit/hyperactivity disorder: a newly described comorbidity in obese hospitalized children. Int J Eat Disord; 37: 357–359

Akhondazeh S, Mohammadi M-R, Khademi M (2004): Zinc sulfate as an adjunct to methylphenidate for the treatment of attention deficit hyperactivity disorder in children: A double blind and randomized trial. BMC Psychiatry; 4: 9-14

Àlvarez-Pedrerol M, Ribas-Fitó N, Torrent M, Julvez J, Ferrer C, Sunyer J (2007): TSH concentration within the normal range is associated with cognitive function and ADHD symptoms in healthy preschoolers. Clinical Endocrinology; 66: 890-898

Anonymous (2008): Joint Statement to Mrs Androulla Vassiliou, European Health Commissioner.
http://www.actiononadditives.com/images2/Joint_statement_to_EUCommission.pdf (18.11.2008)

Anonymous (2003): AFA-Algen. Das blaue Wunder? UGB-Forum:213-214

Arnold LE, Amato A, Bozzolo H, Hollway J, Cook A, Ramadan Y, Crowl L, Zhang D, Thompson S, Testa G, Kliewer V, Wigal T, McBurnett K, Manos M. (2007): Acetyl-L-carnitine (ALC) in attention-deficit/hyperactivity disorder: a multi-site, placebo-controlled pilot trial. Journal of Child and Adolescent Psychopharmacology; 17: 791-802

Arnold, LE, DiSilvestro R (2005): Zinc in attention–deficit/hyperactivity disorder. Journal of Child and Adolescent Psychpharmacology; 15: 619-627

Bachmair A (o. J.): Ritalin. http://xn--hyperaktivitt-mfb.com/ (18.11.2008)

Baenkler H-W (2008): Salicylatintoleranz. Pathophysiologie, klinisches Spektrum, Diagnostik und Therapie. Deutsches Ärzteblatt; 105: 137-142

Baerlocher K (1991): Ernährung und Verhaltensstörungen – Einführung zum Thema. In: Baerlocher K, Jelinek J (Hg.): Ernährung und Verhalten. Ein Beitrag zum Problem kindlicher Verhaltensstörungen. Stuttgart: Thieme, 1-10

Banaschewski T, Roessner V, Uebel H, Rothenberger A (2004): Neurobiologie der Aufmerksamkeits-Defizit/-Hyperaktivitätsstörung (ADHS). Kindheit und Entwicklung; 13: 137-147

Bateman B, Warner JO, Hutchinson E, Dean T, Rowlandson P, Gant C, Grundy J, Fitzgerald C, Stevenson J (2004): The effects of a double blind, placebo controlled, artificial food colourings and benzoate preservative challenge on hyperacivity in a general population sample of preschool children. Arch. Dis. Child.; 89:506-511

Bazar KA, Yun AJ, Lee PY, Daniel SM, Doux JD (2006): Obesity and ADHD may represent different manifestations of a common environmental oversampling syndrome: a model for revealing mechanistic overlap among cognitive, metabolic, and inflammatory disorders. Medical Hypotheses; 66: 263–269

BBC NEWS (2007): Drugs for ADHD 'not the answer'. Published: 2007/11/12 12:36:09 GMT. http://news.bbc.co.uk/go/pr/fr/-/1/hi/uk/7090011.stm (18.11.2008)

Beard JL, Connor JR (2003): Iron status and neural functioning. Ann. Rev. Nutr; 23: 41–58

Bekaroğlu M, Yakup A, Değer O, Mocan H, Erduran E, Karahan C (1996): Relationships between serum free fatty acids and zinc, and attention deficit hyperactivity disorder. J. Child Psychol. Psychiatr.; 37: 225-227

Belitz H-D, Grosch W, Schieberle P (2001): Lehrbuch der Lebensmittelchemie. 5., vollständig bearbeitete Auflage. Springer: Berlin

BfR (Bundesinstitut für Risikobewertung) (2007): Hyperaktivität und Zusatzstoffe – gibt es einen Zusammenhang? Stellungnahme Nr. 040/2007 des BfR vom 13. September 2007.
http://www.bfr.bund.de/cm/208/hyperaktivitaet_und_zusatzstoffe_gibt_es_einen_z usammenhang.pdf (18.11.2008)

BfR (Bundesinstitut für Risikobewertung) (2004): Nutzen und Risiken der Jodmangelprophylaxe in Deutschland. Aktualisierte Stellungnahme des BfR vom 1. Juni 2004.
http://www.bfr.bund.de/cm/208/nutzen_und_risiken_der_jodprophylaxe_in_deutsc hland.pdf (18.11.2008)

BfR (Bundesinstitut für Risikobewertung) (2006): Jod, Folsäure und Schwangerschaft – Ratschläge für Ärzte.
http://www.bfr.bund.de/cm/238/jod_folsaeure_und_schwangerschaft_ratschlaege _fuer_aerzte.pdf

BfR (Bundesinstitut für Risikobewertung) (2005): Hinweise auf eine mögliche Bildung von Benzol aus Benzoesäure in Lebensmitteln. Stellungnahme Nr. 013/2006 des BfR vom 1. Dezember 2005.
http://www.bfr.bund.de/cm/208/hinweise_auf_eine_moegliche_bildung_von_benz ol_aus_benzoesaeure_in_lebensmitteln.pdf (18.11.2008)

BfArM (2002): BfArM und BgVV warnen: Nahrungsergänzungsmittel aus AFA-Algen können keine medizinische Therapie ersetzen. Gemeinsame Pressemitteilung des Bundesinstituts für Arzneimittel und Medizinprodukte (BfArM) sowie des Bundesinstituts für gesundheitlichen Verbraucherschutz und Veterinärmedizin (BgVV): http://www.bfarm.de/nn_1194774/DE/BfArM/Presse/mitteil2002/pm04-2002.html (18.11.2008)

Biederman J, Ball SW, Monuteaux MC, Sturman CB, Johnson JL, Zeitlin S (2007): Are girls with ADHD at risk for eating disorders? Results from a controlled, five-year prospective study. J Dev Behav Pediatr; 28: 302-307

Bilici M, Yıldırım F, Kandil S, Bekaroğlu M, Yıldırmış S, Değer O, Ülgen M, Yıldıran A, Aksu H (2004): Double-blind, placebo-controlled study of zinc sulfate in the treatment of attention deficit hyperactivity disorder. Progress in Neuro-Psychopharmacology & Biological Psychiatry; 28: 181– 190

Bundesamt für Gesundheit, Direktionsbereich Verbraucherschutz, Abteilung Lebensmittelsicherheit, Sektion Chemische Risiken (2006): Beurteilung des Risikos von Benzen (Benzol) in alkoholfreien Getränken, insbesondere Limonaden. http://www.bag.admin.ch/themen/lebensmittel/04861/04910/index.html?lang=de& download=M3wBUQCu/8ulmKDu36WenojQ1NTTjaXZnqWfVpzLhmfhnapmmc7Zi 6rZnqCkkIZ1gXh/bKbXrZ2lhtTN34al3p6YrY7P1oah162apo3X1cjYh2+hoJVn6w (18.11.2008)

Bundesärztekammer (2005): Stellungnahme zur „Aufmerksamkeitsdefizit-/ Hyperaktivitätsstörung (ADHS)". Langfassung. http://www.bundesaerztekammer.de/downloads/ADHSLang.pdf (18.11.2008)

Bundesverband Verbraucherinitiative e.V (o. J.).: Informationen zu Lebensmittelzusatzstoffen. http://www.zusatzstoffe-online.de/zusatzstoffe/ (18.11.2008)

Burgess JR, Stevens L, Zhang W, Peck L (2000): Long-chain polyunsaturated fatty acids in children with attention-deficit hyperactivity disorder. Am J Clin Nutr; 71: 327S-330S

BV AÜK (Bundesverband Arbeitskreis Überaktives Kind) (o.J.): Die Geschichte des BV AÜK. http://www.bv-auek.de/Seiten/Bundesverband/Geschichte.html (18.11.2008)

Carter S, Syed-Sabir H (2008):How to use: a rating score to diagnose attention deficit hyperactivity disorder. Arch. Dis. Child. Ed. Pract.;93;159-162

Colter AL, Cutler, Meckling CKA (2008): Fatty acid status and behavioural symptoms of Attention Deficit Hyperactivity Disorder in adolescents: A case-control study. Nutrition Journal; 7: 8-18

Cortese S, Bernardina BD, Mouren MC (2007): Attention-deficit/hyperactivity disorder
(ADHD) and binge eating. Nutrition Reviews; 65: 404–411

Cortese S, Lecendeux M, Bernardina BD, Mouren MC, Sbarbati A, Konofal E (2008):
Attention-deficit/hyperactivity disorder, Tourette's syndrome, and restless legs
syndrome: The iron hypothesis. Medical Hypotheses;70: 1128–1132

COT (Committee on Toxicity in Food, Consumer Products and the Environment)
(2007): Statement on research project (T07040) investigating the effect of
mixtures of certain food colours and a preservative on behaviour in children.
http://cot.food.gov.uk/pdfs/colpreschil.pdf (18.11.2008)

COT (Committee on Toxicity in Food, Consumer Products and the Environment)
(2006): Statement on food additives and developmental neurotoxicity.
http://cot.food.gov.uk/pdfs/cotstatementadditives.pdf (18.11.2008)COT
(Committee on Toxicity in Food, Consumer Products and the Environment)
(2001): Statement on a research project investigating the effect of food additives
on behaviour. http://cot.food.gov.uk/pdfs/COTFoodAdditivesStatement.pdf
(18.11.2008)

Crinella FM (2003): Does soy-based infant formula cause ADHD? Expert Rev.
Neurotherapeutics; 3: 145-148

Daniel H, Erll G (1991): -Casomorphine und andere opioidwirksame Peptide aus
Nahrungsproteinen. In: Baerlocher K, Jelinek J (Hg.): Ernährung und Verhalten.
Ein Beitrag zum Problem kindlicher Verhaltensstörung. Stuttgart: Thieme, 49-57

Daniel H (1991): Risiken diätetischer Maßnahmen – eine ernährungsphysiologische
Bewertung. In: Baerlocher K, Jelinek J (Hg.): Ernährung und Verhalten. Ein
Beitrag zum Problem kindlicher Verhaltensstörung. Stuttgart: Thieme, 110-117

Das Banerjee T, Middleton F, Faraone SV (2007): Environmental risk factors for
attention-deficit hyperactivity disorder. Review article; Foundation Acta
Pædiatrica/*Acta Pædiatrica*; 96: 1269–1274

Dengate S, Ruben A (2002): Controlled trial of cumulative behavioural effects of a
common bread preservative. J. Paediatr. Child Health; 38: 373–376

DGE-Arbeitsgruppe „Diätetik in der Allergologie" (2004): Begriffsbestimmungen und Abgrenzung von Lebensmittel-Unverträglichkeiten. DGEinfo; 2: 19–23

DGE (Deutsche Gesellschaft für Ernährung) (2000): Referenzwerte für die Nährstoffzufuhr. 1. Auflage, 2. korrigierter Nachdruck 2001. Frankfurt a. M.: Umschau/Braus

Döpfner M, Breuer D, Schürmann S, Wolff Metternich T, Rademacher C, Lehmkuhl G (2004): Effectiveness of an adaptive multimodal treatment in children with Attention-Deficit Hyperactivity Disorder – global outcome. Eur Child Adolesc Psychiatry [Suppl 1]; 13:I/117–I/129

Döpfner M (2000):Hyperkinetische Störungen. Hogrefe: Göttingen

Döpfner M (o.J.): Kölner Adaptive Multimodale Therapiestudie. http://www.zentrales-adhs-netz.de/i/aktuelles1.php?sess_id=ce2d5a453cf10c660859cfdb30548c69&link_id=;3;1;# (18.11.2008)

Dr. Oetker (o. J): Original Backin Backpulver. Zutaten (Packungsangabe, Stand: 2008)

EFSA (European Food Security Authority) (2008a): Former Panel on additives, flavourings, processing aids and materials in contact with food. http://www.efsa.europa.eu/EFSA/ScientificPanels/efsa_locale-1178620753812_AFC.htm (18.11.2008)

EFSA (European Food Security Authority) (2008b): Assessment of the results of the study by McCann *et al.* (2007) on the effect of some colours and sodium benzoate on children's behaviour. Scientific opinion of the Panel on Food Additives, Flavourings, Processing Aids and Food Contact Materials (AFC). Adopted on 7 March 2008. http://www.efsa.europa.eu/EFSA/Scientific_Opinion/afc_ej660_McCann_study_op _en.pdf (18.11.2008)

EFSA (European Food Security Authority) (2007a): EFSA to consider new UK study on behavioural changes associated with certain food colours. EFSA Statement.

Internet: http://www.efsa.europa.eu/EFSA/efsa_locale-1178620753812_1178637756847.htm (18.11.2008)

EFSA (European Food Security Authority) (2007b): Opinion of the Scientific Panel on Food Additives, Flavourings, Processing Aids and Materials in Contact with Food on the food colour Red 2G (E128) based on a request from the Commission related to the re-evaluation of all permitted food additives. Question number EFSA-Q-2007-126. http://www.efsa.europa.eu/EFSA/Scientific_Opinion/afc_ej515_red2g_op_en,0.pdf (18.11.2008)

EFSA (European Food Security Authority) (2005): Opinion of the Scientific Panel on Dietetic Products, Nutrition and Allergies on a request from the Commission related to the tolerable upper intake level of phosphorus (request N° EFSA-Q-2003-018). EFSA Journal; 233: 1-19

Egger J, Stolla A, McEwan ML (1992): Controlled trial of hypersensitisation in children with food-induces hyperkinetic syndrome. Lancet; 339: 1150-1153

Egger J (1991): Das hyperkinetische Syndrom: Ätiologie, Diagnose und Therapie unter besonderer Berücksichtigung der Ernährung. In: In: Baerlocher K, Jelinek J (Hg.): Ernährung und Verhalten. Ein Beitrag zum Problem kindlicher Verhaltensstörung. Stuttgart: Thieme, 82-91

Egger J, Graham J, Carter CM, Gumley D, Soothill JF (1985): Controlled trial of oligoantigenic treatment in the hyperkinetic syndrome. Lancet; 325: 540-545

Europäische Kommission (2007) : Verordnung (EG) Nr. 884/2007 der Kommission vom 26. Juli 2007 über Dringlichkeitsmaßnahmen zur Aussetzung der Verwendung von E 128 Rot 2G als Lebensmittelfarbstoff. http://eur-lex.europa.eu/LexUriServ/site/de/oj/2007/l_195/l_19520070727de00080009.pdf (18.11.2008)

Faraji S (2007): Biomedizinische Untersuchungen und Behandlungsmethoden beim Autistischen Syndrom und AD(H)D. Grundlagen und Praxis. Wetzlar

Faraone SV, Biederman J (1998): Neurobiology of attention-deficit hyperactivity disorder. Review Article. Biol Psychiatry 1998;44, 951–958

Feingold BF (1975): Why Your Child Is Hyperactive. Toronto: Random House

FHF (Associate Parliamentary Food and Health Forum) (2008): The links between diet and behaviour. The influence of nutrition on mental health. Report of an inquiry held by the Associate Parliamentary Food and Health Forum, January 2008.
http://www.dietitiansmentalhealthgroup.org.uk/uploads/FHF%20inquiry%20report%20-%20The%20Links%20Between%20Diet%20and%20Behaviour%20(January%202008)1%5B1%5D.pdf (18.11.2008)

Frank MJ, Santamaria A, O´Reilly RC, Willcut E (2007): Testing computational models of dopamine and noradrenaline dysfunction in attention deficit/hyperactivity disorder. Neuropsychopharmacology; 32: 1583–1599

FSA (Food Standards Agency) (2008): Food Standards Agency communications on food additives and children´s behaviour. Report. Cragg Ross Dawson Quality Research, London.
http://www.food.gov.uk/multimedia/pdfs/board/fsa080404a5.pdf (18.11.2008)

Garten H (2001): Säure-Basen-Haushalt – eine Studie zur Evaluierung verschiedener Messmethoden. Teil 3. Originalia EHK 3/2001: 155-165

Gershon J (2002): A meta-analytic review of gender differences in ADHD. J Atten Disord; 5: 143-154

Hafer H (1986): Die heimliche Droge Nahrungsphosphat. Ursache für
Verhaltensstörungen, Schulversagen und Jugendkriminalität. 4., neubearbeitete
Auflage. Heidelberg: Kriminalistik Verlag

Harding K, Judah RD, Gant C (2003): Outcome-based comparison of Ritalin® versus
food-supplement treated children with AD/HD. Altern Med Rev 2003; 8: 319-330

Heindl I (2003): AD(H)S-Problematik – Aspekte von Erziehung und Ernährung.
http://www.bv-auek.de/Seiten/Leseecke/Heindl-
AspekteVonErziehungUndErnaehrung-1004.pdf (18.11.2008)

Hiedl S (2004): Duodenale VIP-Rezeptoren in der Dünndarmmukosa bei Kindern mit
nahrungsmittelinduziertem hyperkinetischen Syndrom. Dissertation.
http://edoc.ub.uni-muenchen.de/2089/1/Hiedl_Stephan.pdf (18.11.2006)

Hill P, Taylor E (2001): An auditable protocol for treating attention deficit/hyperactivity
disorder. Arch Dis Child; 84: 404–409

Hirayama S, Hamazaki T, Terasawa K (2004): Effect of docosahexaonic acid-
containing food administration on symptoms of attention-deficit/hyperactivity
disorder – a placebo-controlled, double-blind study. European Journal of Clinical
Nutrition 58; 467-473

Holtkamp K, Konrad K, Müller B, Heussen N, Herpetz S, Herpertz-Dahlmann B,
Hebebrand J (2004): Overweight and obesity in children with attention-
deficit/hyperactivity disorder. International Journal of Obesity; 28: 685–689

Homann H (2003): Sind angemessenes Verhalten, Konzentration und
Aufmerksamkeit doch essbar?? Möglichkeiten und Grenzen einer Diät bei ADS.
http://www.bv-auek.de/Seiten/Leseecke/Homann.pdf (18.11.2008)

Homuth K (1999): Ernährungsumstellung – eine Chance für mein hyperaktives Kind.
Ein Erfahrungsbericht. Pala: Darmstadt

Huss M, Högl B (2005): Die ADHD-Profilstudie. Ein Bild von ADHS in Deutschland.
die AKZENTE; Nr. 67/68: 2-5

Informationsdienst für Ärzte und Apotheker (2005): Atomoxetin (Strattera) bei ADHS. Arznei-Telegramm; 36: 33-35

Jacobson M, Schardt D (1999): Diet, ADHD & behavior. A quarter century review. Center for Science in the Public Interest, Washington D.C. http://www.cspinet.org/new/pdf/dyesreschbk.pdf (18.11.2008)

Jensen PS, Martin D, Cantwell DP (1997): Comorbidity in ADHD: implications for research, practice, and DSM-V. J Am Acad Child Adolesc Psychiatry; 36: 1065-1079

Jensen PS, Arnold LE, Swanson JM, Vitiello B, Abikoff HB, Greenhill LL, Hechtman L, Hinshaw SP, Pelham WE, Wells KC, Conners CK, Elliott GR, Epstein JM, Hoza B, March JS, Molina BSG, Newcorn JH, Severe JB, Wigal T, Gibbons RD, Hur K (2007): 3-year follow-up of the NIMH MTA Study. J. Am. Acad. Child Adolesc. Psychiatry; 46: 989-1002

Jiun-Rong C, Shiou-Fung H, Cheng-Dien H, Lih-Hsueh H, Suh-Ching Y (2004): Dietary patterns and blood fatty acid composition in children with attention-deficit hyperactivity disorder in Taiwan. Journal of Nutritional Biochemistry; 15: 467–472

Johnson M, Östlund S, Fransson G, Kadesjö B, Gillberg C (2008): Omega-3/omega-6 fatty acids for attention deficit hyperactivity disorder. A randomized placebo-controlled trial in children and adolescents. Journal of Attention Disorders OnlineFirst; doi:10.1177/1087054708316261

Joshi K, Ld S, Kale M, Patwerdhan B, Mahadik SP, Patni B, Chaudhari A, Bhave S, Pandit A (2006): Supplementation with flax oil and vitamin C improves the outcome of attention deficit disorder. Prostaglandins, Leukotrienes and Essential Fatty Acids; 74: 17-21

Kamsteeg J (2002): HPU – eine angeborene Porphyrinopathie. Zeitschrift für Umweltmedizin; 10, Heft 3: 1-2

Kleine-Tebbe J, Lepp U, Niggemann B, Werfel T (2005): Nahrungsmittelallergie und -unverträglichkeit: Bewährte statt nicht evaluierte Diagnostik. Deutsches Ärzteblatt; 102: A1965-A1969

Konofal E, Lecendreux M, Deron J, Marchand M, Cortese S, Zaïm M, Mouren MC, Arnulf I (2008): Effects of iron supplementation on attention deficit hyperactivity disorder in children. Pediatr Neurol; 38: 20-26

Konofal E, Cortese S, Marchand M, Mouren MC, Arnulf I, Lecendreux M (2007): Impact of restless legs syndrome and iron deficiency on attention-deficit/hyperactivity disorder in children. Sleep Medicine; 8: 711–715

Konofal E, Lecendreux M, Arnulf I, Mouren MC (2004): Iron deficiency in children with attention-deficit/hyperactivity disorder. Arch Pediatr Adolesc Med; 158: 1113-1115

Kooistra L, Crawford S, van Baar A, Brouwers E, Pop VJ (2005): Neonatal effects of maternal hypothyroxinemia. Pedriatics; 117: 161-167

Kordas K, Stoltzfus RJ, Lopez P, Rico JA, Rosado JL (2005): Iron and zinc supplementation does not improve parent or teacher ratings of behavior in first grade mexican children exposed to lead. J Pediatr; 147: 632-639

Krause K-H, Krause J (2007): Neurobiologische Grundlagen der Aufmerksamkeitsdefizit-/Hyperaktivitätsstörung. Ein Update. psychoneuro; 33: 404–410

Lukas WD, Campbell BC (1999): Evolutionary and ecological aspects of early brain malnutrition in humans. Human Nature; 11: 1-26

Luppa M (2002): Ausgleich belastungsbedingter L-Carnitinverluste mit der Nahrung schützt vor vielfältigen Funktionsstörungen. Klinische Sportmedizin/Clinical Sports Medicine – Germany; 3: 61-67

McCann D, Barrett A, Cooper A, Crumpler D, Dalen L, Grimshaw K, Kitchin E, Lok K, Porteous L, Prince E, Sonuga-Barke E, Warner JO, Stevenson J (2007): Food additives and hyperactive behaviour in 3-year-old and 8/9-year-old children in the community: a randomised, double-blinded, placebo-controlled trial. Lancet; 370: 1560-1567

Mensink GBM, Heseker H, Richter A, Stahl A, Vohmann C (2007): Ernährungsstudie als KiGGS-Modul (EsKiMo). Forschungsbericht. Im Auftrag des Bundesministerium für Ernährung, Landwirtschaft und Verbraucherschutz.

http://www.bmelv.de/nn_885416/SharedDocs/downloads/03-
Ernaehrung/EsKiMoStudie,templateId=raw,property=publicationFile.pdf/EsKiMoSt
udie.pdf (18.11.2008)

Meyer R (2001): Nahrungsmittelinduzierte ADHD-Symptomatik. Aktualisierte Version
vom 28.02.07. http://www.bv-
auek.de/Seiten/Leseecke/NahrungsmittelinduziertesADHD-280207.pdf
(18.11.2008)

Millichap JG (2004): Etiologic classification of attention-deficit/hyperactivity disorder.
Pedriatics; doi:10.1542/peds.2007-1332

NLM (National Library of Medicine) (o. J): Chem IDplus Lite.
http://chem.sis.nlm.nih.gov/chemidplus/ProxyServlet?objectHandle=DBMaint&acti
onHandle=default&nextPage=jsp/chemidlite/ResultScreen.jsp&TXTSUPERLISTI
D=000051616 (18.11.2008)

Mousain-Bosc M, Roche M, Polge A, Pradal-Prati D, Rapin J, Bali J-P (2006):
Improvement of neurobehavioral disorders in children supplemented with
magnesium-vitamin B6. I. Attention deficit hyperactivity disorders. Magnesium
Research; 19: 46-52

Mousain-Bosc M, Roche M, Rapin J, Bali J-P (2004): Magnesium VitB6 intake
reduces central nervous system hyperexcitability in children. Journal of the
American College of Nutrition; 23: 545S–548S

Niederhofer H, Pittschieler K (2006): A preliminary investigation of ADHD symptoms
in patients with celiac disease. J. of Att. Dis.; 10: 200-204

Novartis Pharma GmbH. (2007): Gebrauchsinformation: Information für den
Anwender. Ritalin 10 mg Tabletten (Methylphenidat Hydrochlorid). Stand:
September 2007. Wien

Oner O, Alkar OY, Oner P (2008): Relation of ferritin levels with symptom ratings and
cognitive performance in children with attention deficit – hyperactivity disorder.
Pediatrics International; 50: 40–44

Ottoboni N, Ottoboni A (2003): Can attention deficit-hyperactivity disorder result from nutritional deficiency? Journal of American Physicians and Surgeons; 8: 58-60

Panzer B (2006): ADHD and childhood obesity. Guilford Press. The ADHD Report; 2006: 9-16

Pelsser LMJ, Frankena K, Toorman J, Savelkoul HFJ, Pereira RR, Buitlaar JK (2008): A randomised controlled trial into the effects of food on ADHD. Eur Child Adolesc Psychiatry; 21.04.2008 (Epub ahead of print). http://www.adhdenvoeding.nl/uploads/File/ADHD_and_Food,_ECAP_2008,_Pelsser_et_al.pdf (18.11.2008)

Pelsser LMJ, Buitelaar JK (2002): Der günstige Einfluss einer standardisierten Eliminationsdiät auf das Verhalten jüngerer Kinder mit Aufmerksamkeits-Defizit-Syndrom (ADHD), eine explorative Untersuchung. Aus dem Niederländischen übersetzt von de Koop M und Müller C. http://www.bv-auek.de/Seiten/ADHD/Nahrungsmittelinduziertes_ADHD/PelsserOriginaluntersuchung2003.pdf (18.11.2008)

Preis H (2006): Zur Frage des Einflusses von Nahrungsmitteln und Nahrungsmittelzusatzstoffen auf das Verhalten von Kindern mit Aufmerksamkeitsdefiziten und Hyperaktivitätsstörungen. The influence of food and food additives on the behaviour of children with attention-deficit and hyperactivity disorder. Ludwigshafen: Verlag für Medienpraxis und Kulturarbeit

Preis H (1999): Einfluß von Nahrungsmitteln auf das Verhalten von Kindern mit Aufmerksamkeitsdefiziten und Hyperaktivitätsstörungen. Influence of food stuffs on the behaviour of children with attention-deficit and hyperactivity disorder. Ludwigshafen: Verlag für Medienpraxis und Kulturarbeit

Pzyrembel H, Schwenk M (2007): Die (Krypto-)Pyrrolurie in der Umweltmedizin: eine valide Diagnose? Mitteilung der Kommission „Methoden und Qualitätssicherung in der Umweltmedizin". Bundesgesundheitsbl - Gesundheitsforsch – Gesundheitsschutz 50: 1324-1330

Rapp D (1991): Is This Your Child? Discovering and Treating Unrecognized Allergies in Children and Adults. Quill: New York

Reese I ,Binder C, Bunselmeyer B,Cnstien A, Kugler C, Körner U, Schäfer C, Werning A, Ziegert M (2006): Eliminationsdiäten bei Nahrungmittelallergie und anderen Unverträglichkeitsreaktionen. In: Werfel T, Reese I (Hg.): Diätetik in der Allergologie. Diätvorschläge, Positionspapiere und Leitlinien zu Nahrunsmittelallergie und anderen Unverträglichkeiten. München: Dustri, 1-5

Reuter P (2004): Springer Lexikon Medizin. Berlin: Springer

Richardson AJ (2003): The importance of omega-3 fatty acids for behaviour, cognition and mood. Scandinavian Journal of Nutrition; 47: 92-98

Richardson AJ (2002): Fatty acids in dyslexia, dyspraxia and ADHD. Can nutrition help? Food and Behaviour Research. http://www.productivitybooster.com/downloads/Adhd/richardson.pdf (18.11.2008)

Ritzka M (2006): Öl aus marinen Mikroalgen als Quelle für Omega-3-Fettsäuren. http://www.waswiressen.de/verbraucher/novel_food_6458.php (18.11.2008)

Rona RJ, Keil T, Summers C, Gislason D, Zuidmeer L, Soldergren E, Sigurdardottir ST, Lindner T, Goldhahn K, Dahlstrom J, McBride D, Madsen C (2007): The prevalence of food allergy: A meta-analysis. J Allergy Clin Immunol;120: 638-46

Schab DW, Trinh N-HAT (2004): Do artificial food colors promote hyperactivity in children with hyperactive syndromes? A meta-analysis of double-blind placebo-controlled trials. Review article. J Dev Behav Pediatr; 25:423-434

Schlack R, Holling H, Kurth B-M, Huss M (2007): Die Prävalenz der Aufmerksamkeitsdefizit-/Hyperativitätsstörung (ADHS) bei Kindern und Jugendlichen in Deutschland. Erste Ergebnisse aus dem Kinder- und Jugendgesundheitssurvey (KiGGS). Bundesgesundheitsbl – Gesundheitsforsch – Gesundheitsschutz; 50: 827-835

Schmidt ME, Kruesi MJP, Elia J, Borcherding BG, Elin RJ, Hosseini JM, McFarlin KE, Hamburger S (1994): Effect of dextroamphetamine and methylphenidate on calcium and magnesium concentration in hyperactive boys. Psychiatry Research, 54: 199-210

Schnoll R, Burshteyn D, Cea-Aravena J (2003): Nutrition in the treatment of attention-deficit hyperactivity disorder: A neglected but important aspect. Applied Psychophysiology and Biofeedback; 28: 63-75

Shattock P, Whiteley P (2002): Biochemical aspects in autism spectrum disorders: updating the opioid-excess theory and presenting new opportunities for biomedical intervention. Expert Opin. Ther. Targets; 6(2):1-9

Sinn N (2008a): Cognitve effects of polyunsaturated fatty acids in children with attention deficit hyperactivity disorder symptoms: A randomized controlled trial. Prostaglandins, Leukotrienes and Essential Fatty Acids; 78: 311-326

Sinn N (2008b): Nutritional and dietary influences on attention deficit hyperactivity disorder. Nutrition Reviews; 66: 558-568

Sinn N, Howe PRC (2008): Health benefits of omega-3 fatty acids may be mediated by improvements in cerebral vascular function. Bioscience Hypotheses;1:103-108

Smith TJ (2008): Update on artificial food colours. http://www.foodstandards.gov.uk/multimedia/pdfs/coloursletter.pdf (18.11.2008)

Soldin OP, Nandedkar AKN, Japal KM, Stein M, Mosee S, Magrab P, Lai S, Lamm SH (2002): Newborn thyroxine levels and childhood ADHD. Clinical Biochemistry; 35, 131–136

Sorgi PJ, Hallowell EM, Hutchins HL, Sears B (2007): Effects of an open-label pilot study with high dose EPA/DHA concentrates on plasma phospholipids and behavior in childen with attention deficit hyperactivity disorder. Nutrition Journal; 6: 16. http://www.nutritionj.com/content/6/1/16 (18.11.2008)

Stevenson J, Sonuga-Barke E, Warner J (2007): Chronic and acute effects of artificial colours and preservatives on children´s behaviour. Project code: T07040. School of Psychology, University of Southampton. http://www.food.gov.uk/multimedia/pdfs/additivesbehaviourfinrep.pdf (18.11.2008)

Swaminathan R (2003): Magnesium metabolism and its disorders. Clin Biochem Rev; 24: 47-66

Swanson J, Arnold LE, Kraemer H, Hechtman L, Molina B, Hinshaw S, Vitiello B, Jensen P, Steinhoff K, Lerner M, Greenhill L, Abikoff H, Wells K, Epstein J, Elliott G, Newcorn J, Hoza B, Wigal T (2008): Evidence, interpretation, and qualification from multiple reports of long-term outcomes in the Multimodal Treatment Study of Children with ADHD (MTA): Part II: Supporting details. J Atten Disord; 12: 15-44

Taylor E, Doepfner M, Sergeant J, Asherton P, Banaschewski T, Buitelaar J, Coghill D, Danckaerts M, Rothenberger A, Sonuga-Barke E, Steinhausen H-C, Zuddas A (2004): European clinical guidelines for hyperkinetic disorders. A first upgrade. Eur Child Adolesc Psychiatry; 13 (suppl 1):I/7-I/30

Uhlig T, Merkenschlager A, Brandmaier R, Egger J (1997): Topographic mapping of brain electrical activity in children with food-induced attention deficit hyperkinetic disorder. Eur J Pediatr;156: 557- 561

Vaisman N, Kaysar N, Zaruk-Adasha Y, Pelled D, Brichon G, Zwingelstein G, Bodennec J (2008): Correlation between changes in blood fatty acid composition and visual sustained attention performance in children with inattention: effect of dietary n-3 fatty acids containing phospholipids. Am J Clin Nutr; 87: 1170-1180

Van Outheusden LJ, Scholte HR (2002): Efficiacy in the treatment of children with attention-deficit hyperactivity disorder. Prostaglandins, Leukotriens and Essential Fatty Acids; 67: 33-38

Verbraucherzentrale Hessen (2008): „Azofarbstoffe und Chinolingelb in Süßigkeiten und Softdrinks für Kinder". Untersuchungsbericht zum Marktcheck. http://www.verbraucher.de/download/BerichtAzofarbstoffe.pdf (18.11.2008)

Vermiglio F, Lo Presti VP, Moleti M, Sidoti M, Tortorella G, Scaffidi G, Castagna MG, Mattina F, Violi MA, Crisa A, Artemisia A, Trimarchi F (2004): Attention deficit and hyperactivity disorders in the offspring of mothers exposed to mild-moderate iodine deficiency: a possible novel iodine deficiency. J Clin Endocrinol Metab; 89: 6054–6060

Vetter VL., Elia J, Erickson C, Berger S, Blum N., Uzark K, Webb CL (2008): Cardiovascular monitoring of children and adolescents with heart disease receiving stimulant drugs. A scientific statement from the American Heart

Association Council on Cardiovascular Disease in the Young Congenital Cardiac Defects Committee and the Council on Cardiovascular Nursing. Circulation, published online Apr 21, 2008; doi: 10.1161/CIRCULATIONAHA.107.189473

Weiland U, Widenhorn-Müller K (2008): Langkettige mehrfach ungesättigte Fettsäuren – eine zusätzliche Behandlungsmöglichkeit bei Kindern mit ADHS? Nervenheilkunde; 9: 789-793

Welt Online (2008): EU geht gegen Lebensmittelfarben vor. 9. Juli 2008, 04.00 Uhr. http://www.welt.de/welt_print/article2193102/EU_geht_gegen_Lebensmittelfarben _vor.html (18.11.2008)

Werfel T, Wedi B, Kleine-Tebbe J, Niggemann B, Saloga J, Sennekamp J Vieluf I, Vieths S, Zuberbier T, Jäger L (2006): Vorgehen bei Verdacht auf eine pseudoallergische Reaktion durch Nahrungsmittelinhaltsstoffe. In: Werfel T, Reese I (Hg.): Diätetik in der Allergologie. Diätvorschläge, Positionspapiere und Leitlinien zu Nahrungsmittelallergie und anderen Unverträglichkeiten. München: Dustri, 145-152

Williamson CS (2008): Food additives and hyperactivity in children. Facts behind the headlines. British Nutrition Foundation, London. Nutrition Bulletin; 33: 4–7

Wüthrich B (2008): Begriffsbestimmung. In: Jäger L, Wüthrich B, Ballmer-Weber B, Vieths S (Hg.)(2008): Nahrungsmittelallergien und –intoleranzen. Immunologie – Diagnostik – Therapie - Prophylaxe. 3. Auflage. München: Urban & Fischer, 1-5

Wüthrich B, Frei PC, Bircher A, Dayer E, Hauser C, Pichler W, Schmid-Grendelmeier P, Spertini F, Olgiati D, Müller U (2005): Sinnlose Allergietests. Stellungnahme der Fachkommission der Schweizerischen Gesellschaft für Allergologie und Immunologie (SGAI) zur IgG/IG4-Bestimmung gegen Nahrungsmittel. Schweizerische Ärztezeitung; 86: 1565-1568

Zametkin AJ, Nordahl TE, Gross M, King AC, Semple WE, Rumsey J, Hamburger S, Cohen RM (1990): Cerebral glucose metabolism in adults with hyperactivity of childhood onset New England Journal of Medicine; 323: 1361-1366

Zelnik N, Pacht A, Obeit R, Lerner A (2004): Range of neurologic disorders in patients with celiac disease. Pediatrics; 113: 1672-1676

Zimmerman M (1999): The A.D.D. Nutrition Solution. A Drug-free 30-Day Plan. Owl Books: New York